"十二五"动画专业重点规划教材

21 世纪
动画专业核心教材

三维动画创作
模型制作

侯沿滨 刘超 张天翔 编著

U0116084

中国传媒大学出版社

21 世纪动画专业核心教材编委会

主　编　徐　浩　杨　涛　白少楠
副主编　张毅超　任　艳　苏　毅　王海军　杨雪梅

编　委（以姓氏拼音为序）
曹　钰　陈　果　陈红娟　刘大宇　刘振武
路　清　米高峰　彭国华　孙　雯　佟　婷
文　婷　吴振尘　于海燕　张　慨　郑玉明

序

三维动画是近年来随着计算机软硬件技术的发展而产生的一种新兴动画形式。三维动画技术除可用于传统的影视动画创作之外，由于其精确性、真实性及可操作性，目前还被广泛应用于广告、医学、工业、军事、建筑等诸多领域。根据这种行业需要，动画相关专业的学生也应掌握三维动画技术，以提高自己的就业能力。

为此，我们编写了三维动画制作方面的教材。教材按照二维动画制作的流程分为四本：《三维动画创作——模型制作》、《三维动画创作——渲染制作》、《三维动画创作——动画制作》、《三维动画创作——特效制作》。其中包含了三维动画制作的全部知识点，囊括了行业中的大部分应用软件，如Maya，3ds Max，Zbrush，After Effect，Edius等,将各个软件的应用特点与优势融入相关的制作案例中，是一套内容全面、技术领先、案例详尽、应用性强的三维动画教材。

本套教材一方面注重体系性，力求将三维动画制作流程中最常用的、最具有代表性的操作讲全讲透，另一方面注重实用性，强化实训内容，启发和激励学生自己动手操作的欲望，最终能够独立完成动画制作任务，为日后的专业创作打下坚实的基础。

最后，对在教材编写过程中给予我们宝贵支持的相关人士表示衷心的感谢。同时，我们也希望广大读者不吝赐教，使本套教材更加完善。

作者
2011年12月

目　录

第一章

三维动画基础

第一节 动画的起源与发展

一、什么是动画

动画一词的英文有：Animation、Cartoon、Animated Cartoon、Cameracature。其中，比较正式的Animation一词源自于拉丁文字根anima，意思为"灵魂"；动词animate是"赋予生命"，引申为使某物活起来。所以Animation可以解释为经由创作者的安排，使原本不具生命的东西像获得生命一般活动起来。

早期，中国将动画称为美术片，现在国际通称为动画片。动画是一门幻想艺术，更容易直观表现和抒发人们的感情，可以把现实中不可能看到的转化为现实，扩展了人类的想象力和创造力。广义而言，把一些原先不活动的东西，经过影片的制作与放映，变成会活动的影像，即为动画。"动画"的中文叫法应该说源自日本。第二次世界大战前后，日本称单一线条描绘的漫画作品为"动画"，如图1-1-1、1-1-2所示。

图1-1-1
选自《龙猫》的场景

图1-1-2
选自《变形金刚》的场景

判断动画的标准，不在于使用的材质或创作的方式，而是看作品是否符合动画的本质。时至今日，动画媒体已经包含了各种形式，但不论何种形式，它们具有一些共同点：其影像是以电影胶片、录像带或数字信息的方式逐格记录的；另外，影像的"动作"是被创造出来的幻觉，而不是原本就存在的。

三维动画主要是用Maya或3ds Max等软件制作成的，尤其是Maya这个三维动画制作软件近年来在国内外掀起一股三维动画制作的狂潮，涌现出一大批优秀的、令人震撼的三维动画电影，如《玩具总动员》、《海底总动员》、《超人总动员》、《怪物史莱克》、《变形金刚》、《功夫熊猫》等，如图1-1-3、1-1-4所示。

图1-1-3
选自《功夫熊猫》的场景

图1-1-4
选自《怪物公司》的场景

二、动画的发展情况

距今两万五千年前的石器时代，原始人洞穴中的野牛奔跑分析图，是人类试图捕捉动作的最早证据，在一张图上把不同时间发生的动作画在一起，这种"同时进行"的概念间接显示了人类"动"的欲望(如图1-1-5所示)。达·芬奇的黄金比例人体图上画的四只胳膊，表示双手上下摆动的动作(如图1-1-6所示)。而在中国的绘画史上，艺术家有为静态绘画赋予生命的传统，如"六法论"中主张的气韵生动，聊斋"画中仙"中人物走出卷轴等(虽然得靠想象力弥补动态的不足)。这些和动画的概念都有相通之处，但真正发展出使图上的画像动起来的技巧，还是在遥远的欧洲。

图1-1-5

原始人洞穴中的野牛奔跑分析图

图1-1-6

达·芬奇的黄金比例人体图

1828年，法国人William Henry Fitton首先发现了视觉暂留原理。他发明了留影盘——一个被绳子或木杆在两面间穿过的圆盘，圆盘的一面画了一只鸟，另外一面画了一个空笼子。当圆盘被旋转时，鸟出现在了笼子中。这证明了当人眼看到一系列图像时，它一次保留一个图像(如图1-1-7所示)。1831年，法国人Joseph Antoine Plateau把画好的图片按照顺序放在一部机器的圆盘上，圆盘可以在机器的带动下转动。这部机器还有一个观察窗，用来观看活动图片。在机器的带动下，圆盘低速旋转，圆盘上的图片也随着圆盘旋转。从观察窗看过去，图片似乎动了起来，形成动的画面，这就是原始动画的雏形(如图1-1-8所示)。

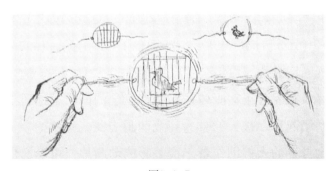

图1-1-7

视觉暂留原理图

图1-1-8

原始动画的雏形图

图1-1-9

选自 *Humorous Phases of Funny Faces* 的场景

　　1906年，美国人James Stuart Blackton制作出一部接近现代动画概念的影片，片名叫《幽默的趣味百态》(*Humorous Phases of Funny Faces*)。他经过反复琢磨和推敲，不断修改画稿，终于完成这部接近动画的短片(如图1-1-9所示)。一年后，法国人Emile Cohl首创用负片制作动画影片。所谓负片，是影像与实际色彩恰好相反的胶片，如同今天的普通胶卷底片。采用负片制作动画，从概念上解决了影片载体的问题，为今后动画片的发展奠定了基础。1909年，美国人Winsor McCay用四千张图片表现了一段动画故事,后来制作的《恐龙葛蒂》(*Gertie the Dinosaur*)被公认是第一部像样的动画短片。从此以后，动画片的创作和制作水平日趋成熟，人们已经开始有意识地制作表现各种内容的动画片。1915年，美国人Eerl Hurd创造了新的动画制作工艺，他先在塑料胶片上画图，然后再把画在塑料胶片上的一幅幅图片拍摄成动画电影，多少年来，这种动画制作工艺一直被沿用下来。

　　1928年，世人皆知的沃尔特·迪士尼(Walt Disney)创作出了第一部有声动画《威利汽船》(*Steamboat Willie*)(如图1-1-10所示)；1937年，他又创作出第一部彩色动画剧情长片《白雪公主》(如图1-1-11所示)。迪士尼逐渐把动画影片推向了巅峰，在完善了动画体系和制作工艺的同时，他还把动画片的制作与商业价值联系了起来，被人们誉为商业动画之父。直到如今，他创办的迪士尼公司还在为全世界的人们创作着丰富多彩的动画片，可以说是20世纪最伟大的动画公司。

图1-1-10

选自Steamboat Willie的场景

图1-1-11

《白雪公主》

1995年，皮克斯公司制作出第一部三维动画长片《玩具总动员》（Toy Story），使动画行业焕发出新的活力(如图1-1-12所示)，标志着动画迈入了一个新的时代——三维动画时代。

图1-1-12

《玩具总动员》三部曲

第二节　三维动画的发展

一、什么是三维动画

三维动画，是近年来随着计算机软硬件技术的发展而产生的一项新兴技术。D 是英文Dimension(线度、维)的缩写，3D是指三维空间，因此3D电影就是所谓的立体电影。三维动画软件在计算机中首先建立一个虚拟的世界，设计师在这个虚拟的三维世界中按照要表现的对象的形状尺寸建立模型以及场景，再根据要求设定模型的运动轨迹、虚拟摄影机的运动和其他动画参数，最后按要求为模型赋上特定的材质，并打上灯光。当这一切完成后就可以让计算机自动运算，生成最后的画面。三维动画技术由于其精确性、真实性和无限的可操作性，目前被广泛应用于医学、教育、军事、娱乐等诸多领域。

图1—2—1

选自《最终幻想》的场景

二、三维动画的发展史

1.第一阶段

1995年至2000年是第一阶段，此阶段是三维动画的起步以及初步发展时期。在这一阶段，皮克斯是三维动画影片市场上的主体。

2.第二阶段

2001年至2003年为第二阶段，此阶段是三维动画的迅猛发展时期。在这一阶段，三维动画从一个人的游戏变成了皮克斯和梦工场两家公司的竞争：梦工场有《怪物史瑞克》，皮克斯就开一家《怪物公司》；皮克斯搞《海底总动员》，梦工场就发动《鲨鱼黑帮》。

图1-2-2

《超人总动员》

图1-2-3

选自《海底总动员》的场景

3.第三阶段

2004年至2008年，三维动画影片步入其发展的第三阶段——全盛时期。在这一阶段，三维动画已演变成"多人游戏"：华纳兄弟电影公司推出圣诞气氛浓厚的《极地快车》；曾经成功推出《冰河世纪》的福克斯再次携手在三维动画领域与皮克斯、梦工场齐名的蓝天工作室，为人们带来《冰河世纪2》等一系列影片(如图1-2-4所示)。

图1-2-4 《冰河世纪2》

4.第四阶段

从2009年开始，三维动画影片正式进入了全3D立体动画电影时代。2009年3月，梦工厂动画公司推出了第一部3D立体动画电影《怪兽大战外星人》，开启了3D立体动画电影时代的序幕；同年5月皮克斯动画工作室的《飞屋环球记》(如图1-2-5所示)，以及之后蓝天工作室的《冰河世纪3》都打上了3D立体电影的字样；直到2009年年底上映的《阿凡达》，用25亿美元的收入彻底使3D立体电影的概念深入人心，新的时代来临了。

图1-2-5

选自《飞屋环球记》的场景

第三节　主流的三维动画制作软件

一、Maya三维动画制作软件

Maya是目前世界上最为优秀的三维动画制作软件之一，它由Alias/Wavefront公司于1998年推出，被广泛用于电影、电视、广告、电脑游戏和电视游戏等的数位特效创作，曾获奥斯卡科学技术贡献奖等殊荣。2005年10月4日，生产3D Studio Max的Autodesk（欧特克）软件公司宣布正式以1.82亿美元收购生产Maya的Alias/Wavefront公司，所以Maya现在是Autodesk的软件产品。

图1-3-1

Maya 2011的封面包装

Maya的推出一举降低了三维动画制作的成本，在Maya推出之前，商业三维动画制作基本上由基于SGI工作站的Softimage软件所垄断，Maya采用Windows NT作为操作系统的PC工作站，降低了设备要求，促进了三维动画的普及，随后Softimage也开始向PC平台转移。Maya在电影特效制作中的应用相当广泛，著名的《星球大战前传》就是采用Maya制作特效的，此外还有《蜘蛛侠》、《指环王》、《侏罗纪公园》、《海底总动员》、《哈利·波特》甚至包括《头文字D》在内的大批电影作品。

2010年3月，欧特克公司推出Autodesk Maya 2011，此版本拥有Autodesk Maya Unlimited 2009和Autodesk Maya Complete 2010 的全部功能，包括先进的模拟工具：Autodesk Maya Nucleus Unified Simulation Framework、Autodesk Maya nCloth、Autodesk Maya nParticles、Autodesk Maya Fluid Effects、Autodesk Maya Hair、Autodesk Maya Fur，另外还拥有广泛的建模、纹理和动画工具、基于画刷的三维技术、完整的立体工作流程、卡通渲染(Toon Shading)、渲染、一个广泛的Maya 应用程序界面/软件开发工具包以及Python和MEL脚本功能。

图1-3-2

电影《指环王》效果图

二、3ds Max三维动画制作软件

3D Studio Max，常简称为3ds Max或Max，是Discreet公司开发的（后被Autodesk公司收购）基于PC系统的三维动画渲染和制作软件。其前身是基于DOS操作系统的3D Studio系列软件，最新版本是2011。在Windows NT出现以前，工业级的CG制作被SGI图形工作站所垄断。3ds Max从2009开始分为两个版本，它们分别是3ds Max和 3ds Max Design。3ds Max 和3ds Max Design

分别是动画版和建筑工业版。Design是建筑工业版，以前曾有过3ds ViZ建筑工业版，因此说3ds Max始终与建筑等的模拟设计相关。

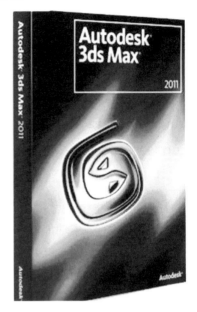

3D Studio Max + Windows NT组合的出现一下子降低了CG制作的门槛，它们首先开始运用在电脑游戏中的动画制作，后更进一步参与到影视片的特效制作，例如《X战警2》、《最后的武士》等。在应用范围方面，3ds Max广泛应用于广告、影视、工业设计、建筑设计、多媒体制作、游戏、辅助教学以及工程可视化等领域，比如片头动画和视频游戏的制作。深深扎根于玩家心中的《古墓丽影》游戏中劳拉的角色形象就是3ds Max的杰作，如图1-3-4所示。而在国内发展得相对比较成熟的建筑效果图和建筑动画制作中，3ds Max的使用率更是占据了绝对的优势。

图1-3-3
3ds Max 2011的封面包装

2010年4月，3ds Max 2011正式推出。Autodesk公司数字娱乐部门的副总裁Stig Gruman表示："推出3ds Max 2011的首要目标是要提升用户日常工作的效率，我们对3ds Max 2011的核心部件进行了重新设计，推出了新的基于节点的材质编辑器工具，并为这款软件加入了包括Quicksilver 硬件渲染等许多新功能。在3ds Max 2011的帮助下，3D创作者将能在更短的时间内创作出更高质量的3D作品。"

图1-3-4
《古墓丽影》中劳拉形象

三、Softimage/XSI三维动画制作软件

全球最著名的数字媒体开发、生产企业Avid公司1998年并购了Softimage以后，于1999年年底推出了全新一代三维动画软件XSI。在2008年10月23日，Autodesk和Avid签署了一项不可撤销协议，前者以3500万美元收购了Avid的Softimage业务部。2010年4月，Autodesk公司推出了Softimage/XSI 2011版本，如图1-3-5所示。

Softimage/XSI以其先进的工作流程、无缝的动画制作以及领先业内的非线性动画编辑系统，出现在世人的面前。Softimage/XSI是一个基于节点的体系结构，这就意味着所有的操作都是可以编辑的。它的动画合成器功能更是可以将任何动作进行混合，以达到自然过渡的效果。Softimage/XSI的灯光、材质和渲染已经达到了一个较高的境界，系统提供的几十种光斑特效可以延伸出千万种变化。

Softimage/XSI与Maya同为电影级的超强3D动画工具，也在国际上享有盛名，它在动画领域可以说是无人不知的大哥大。《侏罗纪公园》、《第五元素》、《红磨坊》、《少林足球》等电影里都可以找到它的身影，特别在电视制作界使用极为广泛。Softimage/XSI最知名的部分之一

图1-3-5
Softimage/XSI 2011的封面包装

是它的Mental Ray超级渲染器。Mental Ray图像渲染软件由于有丰富的算法，图像质量优良，因此成为业界的主流。目前只有XSI和Mental Ray是无缝集成在一起，而别的软件就算能通过接口模块转换，Preview（预调）所见却不是最终所得，只有选择XSI作为主平台才能解决此问题。有人说Mental Ray是所有动画软件中最强的渲染器，在我们看来这一点也不夸张。Mental Ray渲染器可以描绘出具有照片品质的图像，《星河战队》中昆虫异形就是用Mental Ray渲染的。许多插件厂商专门为Mental Ray设计的各种特殊效果大大扩充了Mental Ray的功能，操作者能用它实现各种各样奇妙的效果。

图1-3-6

电影《侏罗纪公园》

四、LightWave 3D三维动画制作软件

LightWave 3D是一款具有悠久历史和众多成功案例的重量级3D软件之一。LightWave 3D从有趣的AMIGA开始，发展到今天的LightWave 3D 10版本，已经成为一款功能非常强大的三维动画软件，支持Windows与Mac系统电脑（如图1-3-7所示）。

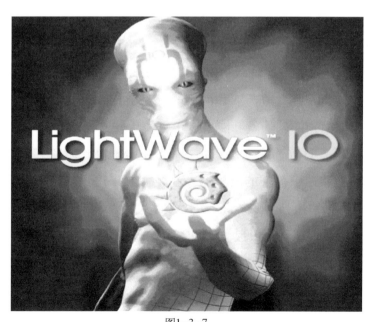

图1-3-7

lightwave 10的宣传海报

LightWave 3D被广泛应用在电影、电视、游戏、网页、广告、印刷、动画等各领域。它操作简便、易学易用，在生物建模和角色动画方面功能异常强大；基于光线跟踪、光能传递等技术的渲染模块，令它的渲染品质几尽完美。它以其优异性能备受影视特效制作公司和游戏开发商的青睐。火爆一时的好莱坞大片《泰坦尼克号》中细致逼真的船体模型(如图1-3-8所示)、《红色星球》中的电影特效以及《恐龙危机2》、《生化危机-代号维洛尼卡》等许多经典游戏均由LightWave 3D开发制作完成。尤其LightWave 3D 10更是将风靡全世界的3D立体技术融入其中，包括大家熟知的《阿凡达》、《爱丽丝漫游仙境》都使用了LightWave 3D进行制作。

图1-3-8

电影《泰坦尼克号》船体模型效果

五、ZBrush三维角色造型雕塑绘画软件

ZBrush软件是世界上第一个让艺术家感到无约束、可以自由创作的三维设计工具，在激发艺术家创作力的同时，ZBrush产生了一种用户感受，在操作时会感到非常地顺畅。ZBrush能够雕刻高达10亿多边形的模型，所以说限制只取决于艺术家自身的想象力(如图1-3-9所示)。

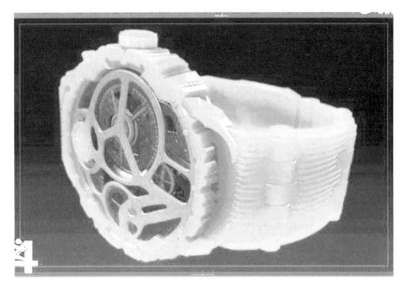

图1-3-9

凹凸效果展示

ZBrush将三维动画中间最复杂、最耗费精力的角色建模和贴图工作，变成了小朋友玩泥巴那样简单有趣的游戏。设计师可以通过手写板或者鼠标来控制ZBrush的立体笔刷工具，自由自在地随意雕刻自己头脑中的形象。至于拓扑结构、网格分布一类的繁琐问题都交由ZBrush在后台自动完成。细腻的笔刷可以轻易塑造出皱纹、发丝、青春痘、雀斑之类的皮肤细节，包括这些微小细节的凹凸模型和材质，如图1-3-10所示。令专业设计师兴奋的是，ZBrush不但可以轻松塑造出各种数字生物的造型和肌理，还可以把这些复杂的细节导出成法线贴图和展好UV的低分辨率模型。这些法线贴图和低分辨率模型可以被所有的大型

图1-3-10

皮肤纹理效果

三维软件，如Maya、3ds Max、Softimage/XSI、LightWave 3D等识别和应用，成为专业动画制作领域里面最重要的建模材质的辅助工具。

ZBrush优秀的Z球建模方式，不但可以做出优秀的静帧，而且也能参与很多电影特效、游戏的制作过程（大家熟悉的《指环王3》、《半条命2》都有

ZBrush的参与）。ZBrush的最新版本——ZBrush 4.0，已于2010年8月9日正式发布，如图1-3-11所示。

图1-3-11

ZBrush 4.0宣传图

六、Vue XStream三维景观生成软件

Vue XStream也称VUE，是由美国公司E-on Software研发的一款专门制作景观的三维软件，该公司2010年推出了Vue9 XStream最新版本。VUE制作出的自然环境能够和场景及动画很好地相容，提供了相互投影、反射、折射的功能。VUE主要应用于电影及动画电影中的三维景观场景制作，像大家熟知的《功夫熊猫》、《阿凡达》、《终结者2018》均使用了此软件进行三维景观制作。

图1-3-12

VUE景观效果

第四节　三维动画的制作流程

三维动画技术虽然入门门槛较低，但要精通并熟练运用却需多年不懈的努力，同时还要随着软件的发展不断学习新的技术，它在所有影视、广告制作形式中技术含量是最高的。由于三维动画技术的复杂性，即使最优秀的三维设计师也不大可能精通三维动画的所有方面。

三维动画制作是一项艺术和技术紧密结合的工作。在制作过程中，一方面要在技术上充分实现创意的要求，另一方面还要在画面色调、构图、明暗、镜头设计组接、节奏把握等方面进行艺术的再创造。与平面设计相比，三维动画多了时间和空间的概念，它需要借鉴平面设计的一些法则，但更多是要按影视艺术的规律来进行创作。

根据实际制作流程，一个完整的影视类三维动画的制作大体上可分为前期制作、中期制作与后期合成三大部分，如图1-4-1所示。

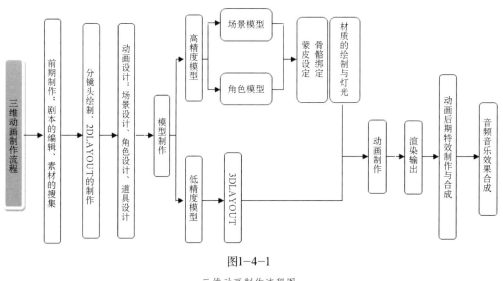

图1-4-1
三维动画制作流程图

一、动画前期制作

前期制作是指在使用计算机制作前，对动画片进行的规划与设计，主要包括：文学剧本创作、分镜头脚本创作、造型设计、场景设计。

1.文学剧本

文学剧本是动画片的基础，要求将文字表述视觉化，即剧本所描述的内容可以用画面来表现，不具备视觉特点的描述（如抽象的心理描述等）是禁止的。动画片的文学剧本形式多种多样，如神话、科幻、民间故事等，要求内容健康、积极向上、思路清晰、逻辑合理，例如：

特写：闹钟响起，一只手去按闹钟。（闹钟上显示着时间和年、月、日）

中景：Anny躺在床上，手收回，早晨的阳光撒在她的身上。Anny起身用手撑着身体，另一只手揉揉自己的眼睛，深深懒腰，起身下床。

（镜头平移，推到桌子上）

特写：日历。（今天是她的生日）

中景：Anny背对着镜头，弯着身体洗脸，起身看着镜中的自己。

特写：Anny透过镜子看着自己的脸和眼睛。

（这个时候响起背景音乐，主要描写Anny一天的生活）

近景：Anny从月台走进城际飞船中。

全景：城际飞船从月台飞出。

近景：镜头通过Anny的头部看窗外。飞船飞快地穿梭于城市之间。

中景：Anny半靠在窗户旁边，看着窗外。

大全景：（鸟瞰）飞船穿梭于街道和楼房之间，Anny在人群中走着。

2.分镜头设计稿

分镜头设计稿是把文字进一步视觉化的重要环节，是导演根据文学剧本进行的再创作，体现导演的创作设想和艺术风格。分镜头设计稿的结构是：图画＋文字，表达的内容包括镜头的类别和运动、构图和光影、运动方式和时间、音乐与音效等。其中每个图画代表一个镜头，文字用于说明镜头长度、人物台词及动作等内容，如图1-4-2所示。

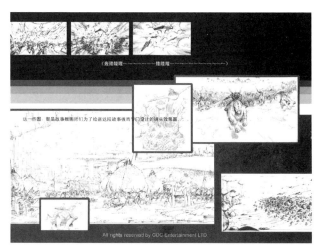

图1-4-2

《魔比斯环》分镜头设计稿

3.造型设计

造型设计包括人物造型、动物造型、器物造型等设计，设计内容包括角色的外型设计与动作设计。造型设计的要求比较严格，包括标准造型、转面图、结构图、比例图、道具服装分解图等，通过角色的典型动作设计（如几幅带有情绪的角色动作图体现角色的性格和典型动作），并且附以文字说明来实现。造型可适当夸张，要突出角色特征，运动合乎规律，如图1-4-3所示。

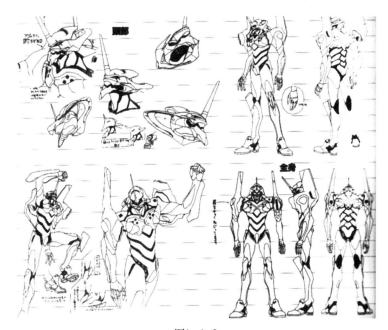

图1-4-3

造型设计范例

4.场景设计

场景设计是整个动画片中景物和环境的来源，比较严谨的场景设计包括平面图、结构分解图、色彩气氛图等，通常用一幅图来表达，如图1-4-4所示。

图1-4-4

场景设计范例

二、动画中期制作

根据前期设计，在计算机中运用相关制作软件制作出动画片段，是为动画中期制作。制作流程分为建模、材质、灯光、动画、摄影机控制、渲染等，这是三维动画的制作特色。

1.建模

建模是动画师根据前期的造型设计，通过三维建模软件在计算机中绘制出角色模型。这是三维动画中很繁重的一项工作，出场的角色和场景中出现的物体都要建模。建模的灵魂是创意，核心是构思，源泉是美术素养。通常使用的软件有3ds Max、Maya等。建模常见方式有：多边形建模——把复杂的模型用一个个小三角面或四边形组接在一起表示（放大后不光滑）；样条曲线建模——用几条样条曲线共同定义一个光滑的曲面，特性是平滑过渡，不会产生陡边或皱纹，因此非常适合有机物体或角色的建模；细分建模——结合多边形建模与样条曲线建模的优点开发的建模方式。建模不在于精确性，而在于艺术性，如《侏罗纪公园》中的恐龙模型(如图1-4-5所示)。

图1-4-5

三维模型范例

2.材质贴图

材质即材料的质地，具体体现在物体的颜色、透明度、反光度、反光强度、自发光及粗糙程度等特性上。贴图是指把二维图片通过软件的计算贴到三维模型上，形成表面细节和结构。为了使具体的图片贴到特定的位置，三维软件使用了贴图坐标的概念。一般有平面、柱体和球体等贴图方式，分别对应于不同的需求。模型的材质与贴图要与现实生活中的对象属性相一致，如图1-4-6所示。

图1-4-6

三维材质范例

3.灯光

灯光的目的是最大限度地模拟自然界的光线类型和人工光线类型。三维软件中的灯光一般有泛光灯（如太阳、蜡烛等四面发射光线的光源）和方向灯（如探照灯、电筒等有照明方向的光源）。灯光起着照明场景、投射阴影及增添氛围的作用。通常采用三点光源设置法：一个主灯，一个补灯和一个背灯。主灯是基本光源，其亮度最高，主灯决定光线的方向，角色的阴影主要由主灯产生，通常放在正面的3/4处即角色正面左边或右边45度处。补灯的作用是柔和主灯产生的阴影，特别是面部区域，常放置在靠近摄影机的位置。背灯的作用是加强主体角色及显现其轮廓，使主体角色从背景中突显出来，背景灯通常放置在背面的3/4处。

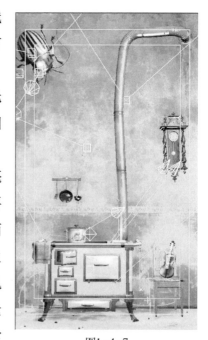

图1-4-7

三维灯光范例

4.摄像机控制

摄像机控制是指依照摄影原理在三维动画软件中使用摄影机工具，实现分镜头剧本设计的镜头效果。画面的稳定、流畅是使用摄影机的第一要素。摄影机功能只有情节需要才使用，不是任何时候都使用。摄像机的位置变化也能使画面产生动态效果。

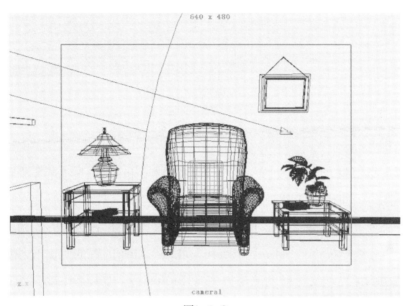

图1-4-8

三维摄像机范例

5.动画

动画是指根据分镜头脚本与动作设计，运用已设计好的造型在三维动画制作软件中制作出一个个动画片段。动作与画面的变化通过关键帧来实现，设定动画的主要画面为关键帧，关键帧之间的过渡由计算机来完成。三维软件大都将动画信息以动画曲线来表示。动画曲线的横轴是时间（帧），竖轴是动画值，可以从动画曲线上看出动画设置的快慢急缓、上下跳跃。三维动画的"动"是一门技术，其中人物说话的口型变化、喜怒哀乐的表情、走路动作等，都要符合自然规律，制作要尽可能细腻、逼真，因此动画师要专门研究各种事物的运动规律。如果需要，可参考声音的变化来制作动画，如根据讲话的声音制作讲话的口型变化，使动作与声音协调。对于人的动作变化，系统提供了骨骼工具，通过蒙皮技术，将模型与骨骼绑定，易产生合乎人的运动规律的动作。

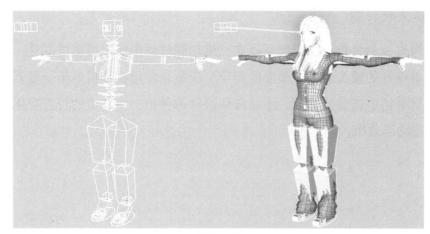

图1-4-9

骨骼和骨骼绑定范例

6.渲染

渲染是指根据场景的设置、赋予物体的材质和贴图、灯光等，由程序绘出一幅完整的画面或一段动画。三维动画必须渲染才能输出，造型的最终目的是得到静态或动画的效果图，而这些都需要渲染才能完成。渲染由渲染器实现，渲染器有线扫描方式（Line－scan，如3ds Max内置的）、光线跟踪方式（Ray－tracing）以及辐射度渲染方式（Radiosity，如Lightscape渲染软件）等，其渲染质量依次递增，但所需时间也相应增加。较好的渲染器有Softimage公司的Metal-Ray和Pixal公司的Render-Man（Maya软件也支持Render-Man渲染输出），通常输出为AVI格式的视频文件，如图1-4-10所示。

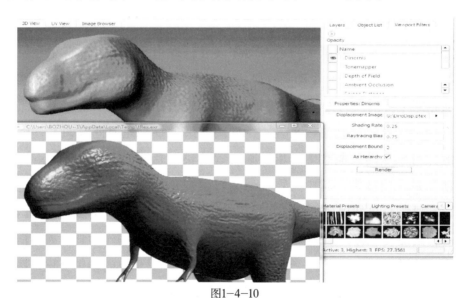

图1-4-10

三维渲染范例

三、动画后期合成

影视类三维动画的后期合成，主要是将之前所做的动画片段、声音等素材，按照分镜头剧本的设计，通过非线性编辑软件的编辑，最终生成动画影视文件。三维动画的制作是以多媒体计算机为工具，综合文学、美工美学、动力学、电影艺术等多学科的产物，实际操作中要求多人合作、大胆创新、不断完善，紧密结合社会现实，反映人们的需求。

图1-4-11

后期合成设备

【本章小结】

作为学习三维软件前的知识，这些是远远不够的，希望读者能下去多看些动画类理论图书，加强理论基础。

第二章

多边形建模基础

第一节　Maya篇

一、初识Maya 2011

自2001年以来，所有获得奥斯卡"最佳视觉效果奖"的影片以及业界顶尖的20大游戏发行商都使用了Autodesk Maya。在过去十年中，Autodesk Maya已经成为许多全球顶级制片公司的首选创意工具，并被用来帮助全球的数字艺术家们创造独特的娱乐体验，如图2-1-1所示。

图2-1-1

Autodesk Maya

1.新功能展示介绍

（1）界面与全局设置

Maya 2011的界面被重新构架，使用者可以根据自己的喜好进行面板的制定，包括工具架、蒙板级、通道栏、MEL脚本行等，可以进行自由拖拽和放置，如图2-1-2所示。

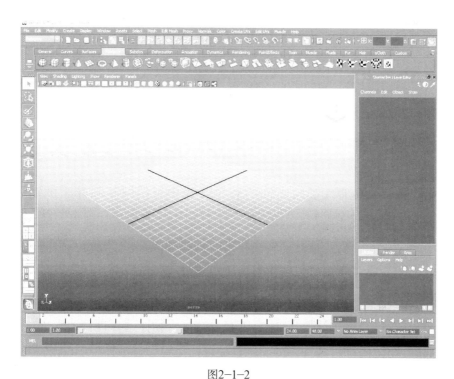

图2-1-2

Maya 2011 界面布局

（2）模型

Maya 2011在模型方面也加入了很多新元素。贝塞尔曲线（Bezier curves）的调整方式被加入到其中；多边形模块加入了可以任意调整元素间边界过渡方式的工具；还有一些新功能，比如软选择群组模型，也被加入进来，如图2-1-3所示。

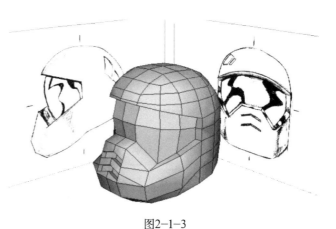

图2-1-3

Maya 2011模型效果

（3）动画与绑定

动画模块加入了前期视觉与新的
3D编辑功能。新的相机序列模块可
以导入和导出编辑内容（包括电影、
音频和时间码信息），布置与管理序
列中的镜头，并通过playblast协作
播放电影片段便于审查。其他改进还
包括支持多音轨、视图中时间码的选
择，还有一些图形编辑器的改进，使
操作者更容易查看、选择与编辑动画
数据。

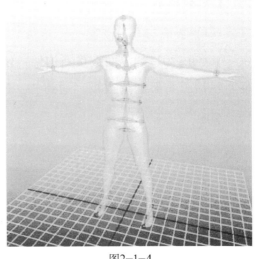

图2-1-4

Maya 2011 骨骼邦定

（4）Paint Effects

Paint Effects加入了向光性的效果，操作者绘制花和叶子的时候使用
Flower Face Sun、Leaf Face Sun、Sun Direction三个属性即可。Maya 2011
还提供了一个新的功能：Transfer All Strokes to new Object，它简化了从低
笔触转移到高分辨率的模型的操作。

（5）动力学

依靠新的动力学编辑器，Maya 2011支持多个物体选择进行关联（直接用鼠
标拖拽即可，用Ctrl进行减选），而不是像以前一样必须一个一个点击连接。

图2-1-5

Maya 2011 Paint Effects

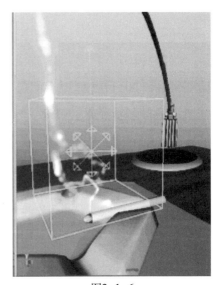

图2-1-6

Maya 2011 动力学演示

（6）流体

Maya 2011中加入了很多流体的新功能，Auto Resize功能可以自动适配2D与3D流体容器，节约解算及渲染时间。改良的内置灯光系统可以让操作者在渲染流体场景之前预览灯光与阴影效果，如图2-1-7所示。

图2-1-7

Maya 2011 流体效果

（7）nCloth

Maya 2011包括了一个新的Collide Strength属性，它可以轻易地控制出被褥、服装等的褶皱效果，一个新的nCaching功能可以提高nCaches关闭时的效率，如图2-1-8所示。

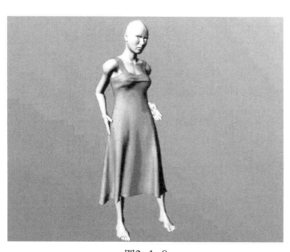

图2-1-8

Maya 2011 布料效果

（8）nParticles

在Maya 2011中，操作者会发现有更多新的per-particle 属性（一般也叫做PP属性或每粒子属性），其中包括Rotation、Friction、Bounce 和 Stickiness。用Surface Tension 和ViscosityScale属性可以实现更多更真实的动力学解算效果。Maya 2011同样提供了更强大的模型输出功能，如图2-1-9所示。

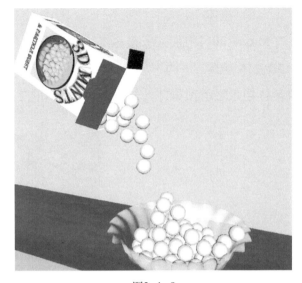

图2-1-9

Maya 2011 粒子效果

（9）渲染与渲染设置

Maya 2011的视窗版本是Viewport 2.0版，对场景进行了大量的优化，可以带动更大的场景。Hypershade也进行了重新设计，以便更容易和更快创造出渲染节点。新的平移、缩放视图功能可以让操作者更快速地进行2D制作。操作者可以在渲染窗口中使用32-bit浮点HDR图像进行渲染。其他新功能还包括Stereoscopic camera的Multi-Camera Rig Tool及新的OCC渲染层属性，如图2-1-10所示。

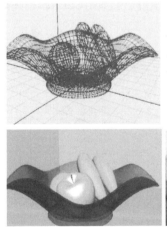

图2-1-10

Maya 2011 渲染效果

（10）MEL 和 Python

PyMEL现在已经被内置在Maya中。新的MEL和Python指令也被增加，已有指令中加入了更多的后缀指令。

（11）帮助文档Documentation

Maya的帮助文档现在采用了静态的导航栏、词组搜索，并且加入PyMEL参考文档。此版本还包括一个新的文件引用教程，并且更新了已有的教程。

2. Maya 2011配置要求

下列任何一种操作系统都支持Autodesk Maya 2011软件的32位版本：Microsoft Windows 7 Professional操作系统；Microsoft Windows Vista Business操作系统（SP2或更高版本）；Microsoft Windows XP Professional操作系统（SP3或更高版本）；Apple Mac OS X 10.6.2 操作系统。

Maya 2011 32位版本需要以下补充软件：Microsoft Internet Explorer 7.0互联网浏览器或更高版本；Apple Satari Web浏览器；Mozilla Firefox Web浏览器。

Maya 2011的32位版本最低需要配置以下硬件：Intel Pentium 4或更高版本、AMD Athlon 64、AMD Opteron处理器、AMD Phenom处理器；基于Intel的Macintosh电脑；2GB内存；4GB可用硬盘空间；优质硬件加速OpenGL显卡；三键鼠标和鼠标驱动程序软件；DVD-ROM 光驱。

3. Maya 2011的操作界面分布

如图2-1-11所示，我们将Maya 2011的操作界面分为10个区域进行讲解。

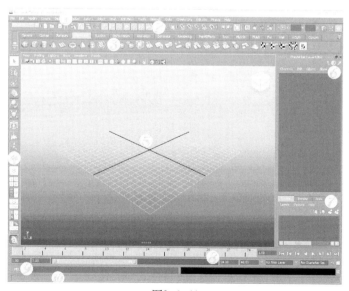

图2-1-11

Maya 2011布局界面

（1）主菜单栏——位于整个界面最上端，Maya 2011的各种命令都汇集于此，包括文件菜单、编辑菜单等15个菜单，如图2-1-12所示。

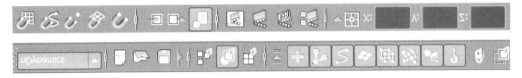

图2-1-12

Maya 2011 主菜单栏

图2-1-13

Maya 2011 状态栏

（2）Status Line（状态栏）——位于主菜单栏正下端，集合多项快捷工具按钮，其最左侧的工作模块包含Maya 2011的全部功能，如图2-1-13所示。由上到下依次是动画、多边形、面片、动力学、渲染、新动力学以及自定义七大模块，如图2-1-14所示。

图2-1-14

七大模块

（3）Shelf（工具架）——位于状态栏的正下端，是Maya 2011中常用工具和命令的集合，并且可以自定义自己喜欢的工具架，如图2-1-15所示。

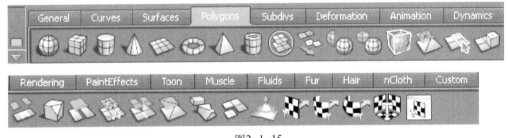

图2-1-15

Maya 2011 工具架

（4）Tool box（工具菜单）——位于界面最左端的竖行区域，主要由各种变量的快捷按钮以及视图的切换按钮组成，如图2-1-16所示。

（5）Workspace(工作区)——位于界面的中心位置，默认情况下以透视图状态显示，也可分为顶、前、左、透视四种视图状态显示，如图2-1-17所示。

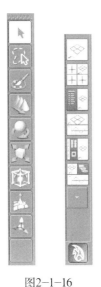

图2-1-16

Maya 2011 工具菜单

图2-1-17

Maya 2011 工作区

（6）Channel Box（通道栏）——位于界面右侧区域,可以直接查找和编辑物体的构成元素，如图2-1-18所示。

（7）Layer Editor（层编辑器）——位于通道栏下侧区域，分为显示、渲染、动画三个不同的层级窗口，如图2-1-19所示。

图2-1-18

Maya 2011 通道栏

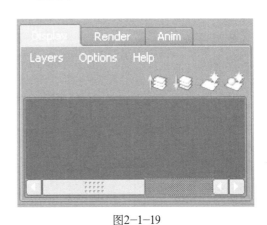

图2-1-19

Maya 2011 层编辑器

（8）动画控制栏——位于工作区的正下端，由时间滑块和范围滑块组成，专门用于动画的控制制作，如图2-1-20所示。

图2-1-20

Maya 2011 动画控制栏

（9）Command Line（脚本编辑栏）——位于动画控制栏的正下端，可以通过输入MEL语言完成一些制作，如图2-1-21所示。

图2-1-21

Maya 2011 脚本编辑栏

（10）Help Line（帮助栏）——位于界面最下端，可以从中获得各种操作以及图标的介绍和说明，如图2-1-22所示。

Displays short help tips for tools and selections

图2-1-22

Maya 2011 帮助栏

二、基础多边形建模

Maya 2011的基本体模型主要分为Polygons（多边形）的12种基本体模型。

1. Polygons(多边形)基础知识

Polygons（多边形）是一组由序列顶点和顶点之间的边构成的N边形。一个多边形物体是Face（多边形面）的集合。多边形可以是简单的多边形基本体，也可以使用不同的多边形工具修改创建出复杂的模型。

只要有足够多的面就可以制作出任何形状的物体模型，不过随着多边形数量的增加，系统性能也会下降，所以使用多边形建模时要注意没有特殊要求不要添加过多细节。

2.多边形基本体

多边形基本体可以在主菜单栏选择Create菜单中的Polygon Primitives或从工具架中选择Polygons选项卡进行创建。包括Sphere(球体)、Cube(立方体)、Cylinder(圆柱体)、Cone（圆锥体)、Plane（平面)、Torus（圆环体)、Pyramid（四棱锥)、Pipe（管状体）等12种基本体模型，如图2-1-23所示。

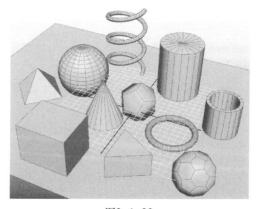

图2-1-23

12种多边形基本体

多边形的修改主要是通过Vertex（点）、Edge（边）、Face（面）三要素完成，在多边形任意模型上单击鼠标右键就会出现选择点、边、面的菜单，如图2-1-24所示。

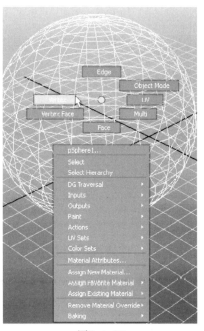

三、多边形模块下的常用命令

Maya 2011对Polygons（多边形）工具进行了重新归类和整理，主要命令分布在Select菜单、Mesh菜单和Edit Mesh菜单中。

1.Select菜单

Sclect（选择）菜单可以帮助操作者快速选择多边形的点、边、面、UV，如图2-1-25所示，跟前面介绍的方法效果等同。

图2-1-24

快捷方式

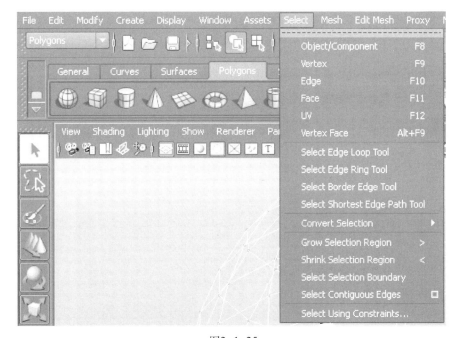

图2-1-25

Select菜单

（1）Object/Component

在物体级别与物体子级别之间快速切换。

（2）Select Edge Loop Tool

选择连续相接的循环边。

（3）Select Edge Ring Tool

　　选择连续的环状循环边。

（4）Select Border Edge Tool

　　选择边界面。

（5）Select Shortest Edge Path Tool

　　选择最短边路径工具。

（6）Convert Selection

　　将所选物体上的构成元素转换为其他相关联元素。

（7）Grow Selection Region

　　将选择元素相接的边界元素包括进来。

（8）Shrink Selection Region

　　除去选择元素相接的边界元素。

（9）Select Selection Boundary

　　只选择元素中的边界元素。

（10）Select Contiguous Edges

　　选择条件限制下的连续边。

（11）Select Using Constraints

　　设置元素选择约束。

2.Mesh菜单

Mesh菜单主要是对Polygons物体进行编辑，如图2-1-26所示。

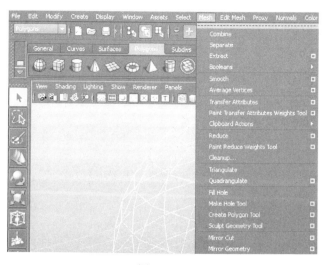

图2-1-26

Mesh菜单

（1）Combine

合并，将两个或多个多边形合并成一个多边形物体，合并后拥有一个中心点。物体合并后看上去是一个完整的多边形物体，但这只是多边形的外部合并，实质内部节点并没有合并，操作者还需要使用Merge命令将点缝合，这样才算是一个真正的独立体。

（2）Separate

分离，是合并命令的反向操作，此命令可以分离子级别元素，可将多个合并在一起的物体重新打散。

（3）Extract

提取，可将一个面或多个面从多边形物体上分离出来，形成一个或多个新的多边形物体。

（4）Booleans

布尔运算，可以让两个相交物体进行 Union（并集）、Difference（差集）、Intersection（交集）运算，从而得到一个新的物体。

布尔运算在使用时容易出现一些错误，常见的问题有：当物体发生重面时，布尔运算会失败；拓扑结构有问题时，布尔运算会失效（检查物体自身是否有面的交叉问题）；当多边形物体的法线有问题时，布尔运算会失效（这个问题最常见，所以操作者要检查两个多边形的法线是否一致）。

（5）Smooth

平滑，可以使多边形表面变得更加柔和、平滑。

（6）Average Vertices

均化顶点，将模型上各点之间的距离做平均化处理，使点和点之间的过渡更加自然。

（7）Transfer Attributes

传递，用于在相同拓扑结构的两个物体间传递点的位置、UV和颜色信息属性。在使用时两物体的点、边、面数必须一致。

（8）Paint Transfer Attributes Weights Tool

绘制传递属性权重，此命令与传递命令配合使用，用于在不同拓扑结构的多边形物体之间传递点的位置等属性时，在多边形物体上绘制传递部分区域的权重。选中被传递物体，可以在物体上绘制传递属性的权重。

（9）Clipboard Actions

动态剪切板工具，用于在物体间快速地复制和粘贴UV、Shade、颜色数值。

（10）Reduce

优化多边形，用于简化模型面数，降低模型精度。

（11）Paint Reduce Weights Tool

优化多边形权重绘制工具，只有在执行Reduce时选中Keep Original复选框的前提下才可以被激活，用于简化物体表面的绘制程度范围和深浅效果。

（12）Cleanup

清理多边行，用于除去多边形物体中多余和错误的面。

（13）Triangulate

三角面，用于将非三角面构成的多边形物体的面转换为三角面，多用于游戏建模和对模型的保护。

（14）Quadrangulate

四边面，用于将三角面转化为四边面，但是对于无边面或大于无边面的多边形物体，无法直接转化为四边面，所以需要将物体先转化为三角面再执行四边面命令。

（15）Fill Hole

填补洞，多边形物体表面有空缺的面时，使用此命令会自动对漏洞部位进行填补。

（16）Make Hole Tool

创建洞工具，用于在多边形物体表面上创建一个洞。

（17）Create Polygon Tool

创建多边形工具，使用此工具可以随心所欲地创建任意边的多边形平面。在创建时，可以配合键盘上的D键来调整创建点的位置，创建完成后敲击回车键确认。

（18）Sculpt Geometry Tool

雕刻几何体工具，是一种特殊的工具，以笔刷（红色线圈）的形式出现在物体上，操作者可以拖动画笔，并配合工具选项中的Pull（推）、Push（拉）、Smooth（光滑）、Erase（擦除）、Relax（松弛）选项，在模型上绘制细节。使用笔刷时按住键盘上的B键不松手，点鼠标左键左右拖动，可以调节笔刷大小；按住键盘上的M键不松手，点鼠标左键左右拖动，可以调整笔刷压力值大小；按住键盘上的U键不松手，点鼠标左键,可调节笔刷的操作方式Pull（推）、Push（拉）、Smooth（光滑）、Erase（擦除）、Relax（松弛）。

（19）Mirror Cut

镜像剪切，用于在镜像物体和原物体之间做剪切。

（20）Mirror Geometry

镜像物体工具，将物体通过一个镜像平面进行镜像复制，并自动除去相交部分，把镜像物体和原物体合并成为一个新物体。

3. Edit Mesh菜单

此菜单是Maya 2008版本后新增加的，Maya 2011又进行了新的调整，添加了几种新的方法进行多边形的编辑，如图2-1-27所示。

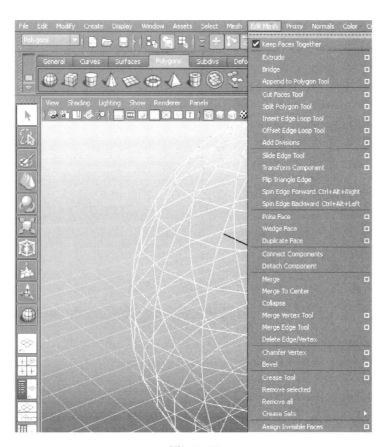

图2-1-27

Edit Mesh菜单

（1）Keep Faces Together

保持共面，此命令不能单独使用，它一般与Extrude（挤出）、Extract（提取）、Duplicate Face（复制面）命令配合使用，尤其是Extrude（挤出）用得最多。

（2）Extrude

挤出，此命令用于对多边形的点、边、面进行拉伸变形。对物体进行挤出后可以在通道栏中对其参数进行调整以达到需要的效果，如图2-1-28所示。

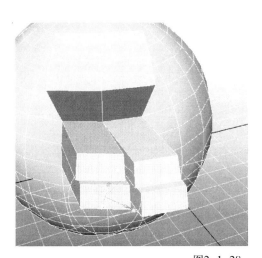

图2-1-28

Extrude命令

（3）Bridge

桥连接，用于在一个物体的两个不同面的边界线之间创建连接面。本命令和Combine命令配合使用，将合并物体的边界进行连接，使之成为一个完整的物体。

（4）Append to Polygon Tool

追加多边形工具，用于给多边形物体的一个边或多个边之间添加延伸或连接部分。此工具必须以至少一条边为基础再向外延伸。操作者在使用Create Polygon Tool创建完多边形后，可以使用此工具进行修改和补充。另外常用此工具填补多边形表面上的空缺面，比用Fill Hole工具的自由度更大。

（5）Cut Faces Tool

切割面工具，用于在多边形物体、多边形的某个面或多个面上添加任意方向的线，可以配合键盘上的Shift键绘制水平直线。

（6）Split Polygon Tool

切割多边形工具，可在多边形的表面添加任意线，将多边形表面进行任意分割。此工具是多边形建模中最常用的工具之一。

（7）Insert Edge Loop Tool

插入循环边工具，用于在多边形物体上的边添加一条或多条循环平行线条。

（8）Offset Edge Loop Tool

偏移循环边工具，以一条边作为基础，在边的两个相交面上创建偏移边。

（9）Add Divisions

添加分段，用于对物体上每一个边做等分处理，与Smooth命令不同，该命令不会改变物体外形。

（10）Transform Component

元素类型转换工具，给物体上的点、边、面添加一个随机值，使这些元素移动、旋转、缩放时产生一个随机的变化，使外形看起来不规则。

（11）Flip Triangle Edge

翻转三边面，用于改变物体三边面上的边的排列方式。

（12）Poke Face

锥化面，用于创建一个点，使该点到面的各个顶点的连线所形成的面可以凸起或凹陷。

（13）Wedge Face

楔入面，一般用来创建建筑中的拱形门、路或管道拐弯的弧形部分，使用后参数可在通道中调整。

（14）Duplicate Face

复制面，可以对多边形物体表面的单个面或多个面进行复制。

（15）Detach Component

拆分工具，可以将物体拆分成彼此独立的元素，但所有的元素还是一个整体，并不互相连接。可以通过Separate命令将面独立出来。

（16）Merge

缝合工具，用于合并多边形物体上的点和边。合并的点和边必须在同一个整体上，彼此独立的点和边是不能使用该命令的。用此命令合并时注意物体法线要一致。

（17）Merge To Center

缝合到中心，用于将选择的点、边、面合并到一个共同的中心点上，此工具允许对不同的元素进行缝合。

（18）Merge Edge Tool

缝合边工具，用于合并物体边界上的边。

（19）Delete Edge/Vertex

删除边或点，用于删除物体上指定的边或点。

（20）Chamfer Vertex

倒角顶点，用于将一个点以一定距离分散到连接的边上，形成一个斜面。

（21）Bevel

倒角，用于给多边形物体上的边缘添加倒角效果。此功能专门应用于边，跟Chamfer Vertex效果一致。

四、Maya 的常用快捷键

现将Maya软件中常用的快捷键做一下分类，作为初学者应该加强快捷键操作的熟练性，这样有助于提高操作效率。

表2-1-1　Maya 常用快捷键

	按键	操作
窗口和视图设置常用	Ctrl+A键	弹出属性编辑窗/显示通道栏
	A键	满屏显示所有物体（在激活的视图）
	F键	满屏显示被选目标
	Shift+F键	在所有视图中满屏显示被选目标
	Shift+A键	在所有视图中满屏显示所有对象
	Alt+↑键	向上移动一个像素
	Alt+↓键	向下移动一个像素
	Alt+←键	向左移动一个像素
	Alt+→键	向右移动一个像素
	Alt+'键	设置键盘中心于数字输入行
	Alt+.键	在时间轴上前进一帧
	Alt+,键	在时间轴上后退一帧
	Alt+V键	播放按钮（打开/关闭）
	K键	激活模拟时间滑块
	F8键	切换物体/成分编辑模式
	F9键	选择多边形顶点
	F10键	选择多边形的边

	F11键	选择多边形的面
	F12键	选择多边形的ＵＶs
	Ctrl+I键	选择下一个中间物体
	Ctrl+F9键	选择多边形的顶点和面
显示设置常用	4键	网格显示模式
	5键	实体显示模式
	6键	实体和材质显示模式
	7键	灯光显示模式
	D键	设置显示质量（弹出式标记菜单）
	空格键	弹出快捷菜单（按下）
	空格键	隐藏快捷菜单（释放）
	Alt+M键	快捷菜单显示类型（恢复初始类型）
	1键	低质量显示
	2键	中等质量显示
	3键	高质量显示
	]键	重做视图的改变
	[键	撤销视图的改变
翻越层级常用	↑键	进到当前层级的上一层级
	↓键	退到当前层级的下一层级
	←键	进到当前层级的左侧层级
	→键	进到当前层级的右侧层级
	Ctrl+N键	建立新的场景
	Ctrl+O键	打开场景
	Ctrl+S键	存储场景
	Alt+F键	扩张当前值
	Ctrl+M键	显示（关闭）主菜单
	H键	转换菜单栏（标记菜单）
	Alt+A键	显示激活的线框（开启/关闭）
	F2键	显示动画菜单
	Alt+C键	色彩反馈（开启/关闭）
	F3键	显示建模菜单
	U键	切换雕刻笔作用方式（弹出式标记菜单）
	F4键	显示动力学菜单
	O键	修改雕刻笔参考值
	F5键	显示渲染菜单
	B键	修改笔触影响力范围（按下/释放）
	M键	调整最大偏移量（按下/释放）
	N键	修改值的大小（按下/释放）
	C键	吸附到曲线（按下/释放）

编辑操作常用	Z键	取消（刚才的操作）
	Ctrl+H键	隐藏所选对象
	Shift+Z键	重做（刚才的操作）
	G键	重复（刚才的操作）
三键鼠标操作常用	Shift+G键	重复鼠标位置的命令
	Ctrl+D键	复制
	Alt+鼠标右键	旋转视图
	Shift+D键	复制被选对象的转换
	Alt+鼠标中键	移动视图
	Ctrl+G键	组成群组
	Alt+鼠标右键 +鼠标中键	缩放视图
	P键	制定父子关系
	Alt+Ctrl+鼠标右键	框选放大视图
	Shift+P键	取消被选物体的父子关系
	Alt+Ctrl+鼠标中键	框选缩小视图
其他常用	Enter键	完成当前操作
	~键	终止当前操作
	Insert键	插入工具编辑模式
	W键	移动工具
	E键	旋转工具
	R键	缩放工具（操纵杆操作）
	Y键	非固定排布工具
	S键	设置关键帧
	I键	插入关键帧模式（动画曲线编辑）
	Shift+E键	存储旋转通道的关键帧
	Shift+R键	存储缩放通道的关键帧
	Shift+W键	存储转换通道的关键帧
	Shift+Q键	选择工具，（切换到）成分图标菜单
	Alt+Q键	选择工具，（切换到）多边形选择图标菜单
	Q键	选择工具，（切换到）成分图标菜单
	T键	显示操纵杆工具键
	=键	增大操纵杆显示尺寸
	-键	减少操纵杆显示尺寸

第二节　3ds Max篇

一、初识3ds Max 2011

3ds Max 2011是Autodesk对3ds Max进行"XBR(神剑计划)"的第二个版本，新版本能更方便地处理模型贴图、角色动画，并在更短时间内产生高品质动画，如图2-2-1所示。

图2-2-1

3ds Max安装界面

1.新功能展示介绍

（1）Slate Material Editor（板岩材质编辑器）

基于节点式编辑方式的新 Slate Material Editor，是一套可视化的开发工具组，通过节点的方式让使用者能以图形接口产生材质原型，并更直接、容易地编辑复杂材质进而提升效率，且这样的材质是可以跨平台的。因此Autodesk 3ds Max的材质编辑方式可以说是有了飞跃性的提升，正在迎头赶上其他市面上流行的节点式三维软件。此次节点式材质编辑器Slate Material Editor的加入也代表了3ds Max节点化的一个初步尝试。同时之前版本的材质编辑器模式也被保留，以便于老用户的使用，如图2-2-2所示。

（2）CAT Character

CAT是一个角色动画的插件，内建了二足、四足与多足骨架，可以轻松地创建与管理角色，以往就以简单、容易操作的制作流程而著称，在之前版本中一直以插件的形式存在，现在完整整合至 Autodesk 3ds Max 2011中，其操作的稳定性和兼容性得到了很大的提高，可谓 CG 用户的一大福音,如图2-2-3所示。

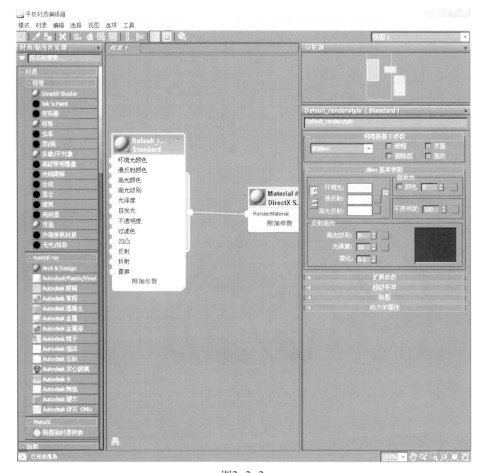

图2-2-2

3ds Max 2011板岩材质编辑器

图2-2-3

3ds Max 2011 CAT骨架

（3）Quicksilver Hardware Renderer（迅银硬件渲染）

Quicksilver这套创新的硬件算图器会同时利用CPU与GPU，使用者可以在极短的时间内得到高质量并接近于结果的渲染影像，这样在测试渲染时可以节省下大量时间，进而提升整体效率。它同时支持 alpha、z-buffer、景深、动态模糊、动态反射、灯光、Ambient Occlusion、阴影等，对于可视化、动态脚本、游戏相关的材质有很大的帮助，如图2-2-4所示。

图2-2-4

3ds Max 2011渲染设置

（4）Local Edits to Containers

Container的本地编辑可以让工作流程更有效率地被执行，当一个使用者编辑一个未锁定的Container时，另一个使用者可以同时继续编辑其他的元素，但同时编辑同一个部分是被禁止的。

（5）Modeling & Texturing Enhancements（建模与贴图的改进）

在Autodesk 3ds Max 2011和3ds Max Design 2011中增强了Graphite Modeling与Viewport Canvas工具，让使用者可以加快完成3D建模与绘制贴图的工作，而这些工作是直接在视口中执行，不需要像以往一样在多软件间进行切换，大大减少了制作上的困难点，提高了制作的效率。

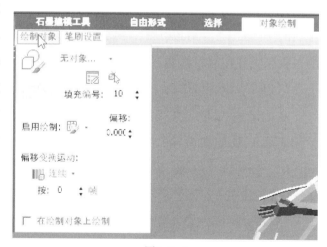

图2-2-5

3ds Max 2011笔刷

其中包含：增加了视口3D绘图与编辑贴图的工具，并且提供了绘制笔刷编辑功能以及贴图的图层创建功能，贴图可以保留图层信息直接输出到Photoshop中；添加了Object Paint功能，可以在场景中使用对象笔刷直接绘制分布几何体，使得大量创建重复模型变得简单有效；含有一个编辑 UVW coordinates的笔刷界面，如图2-2-5所示。

（6）Viewport Display of Materials（视口现实材质）

在视口中以高度保真的互动方式展示材质与贴图效果，让使用者能更有效率地完成工作并且无需重新渲染。虽然在上一个版本中已经有这样的功能，但在2011版本中，相同的场景却只要更少的资源去执行，整体而言在显示上的效能提升了很多。

（7）Autodesk 3ds Max Composite

Autodesk 3ds Max Composite工具基于Autodesk Toxik Compositing软件技术，包含输入、颜色校正、追踪、摄影机贴图、向量绘图、运动模糊、景深与支持立体产品。很多校正颜色的部分都不需要重新渲染，只要渲染出各种不同的元素，在3ds Max Composite中进行合成与调整，包括特效部分也是一样，对于动画而言可谓一个不可或缺的工具。

（8）Autodesk FBX File Link with Autodesk Revit Architecture

藉由新的Autodesk FBX格式，Autodesk 3ds Max 2011可以接收并管理Autodesk Revit Architecture的档案信息，当设计被更改后，智能化的Autodesk FBX格式可以选择重新加载并针对模型、日光系统、材质进行设定，不像以往在设计被更改后只能重新导入。这样的设计可以让Autodesk Revit Architecture与Autodesk 3ds Max间的结合更加紧密，使用者可以选择最适合的工具来完成作品，如图2-2-6所示。

（9）Context Direct Manipulation UI

新的in-context直接式操作界面可以减少建模中不必要的鼠标操作，让使用者更直观地在视端口执行指令。这样的操作方式有点类似于Autodesk Maya，相信Autodesk Maya使用者可以在更短的时间内熟悉Autodesk 3ds Max，如图2-2-7所示。

图2-2-6

3ds Max 2011 文件连接管理器

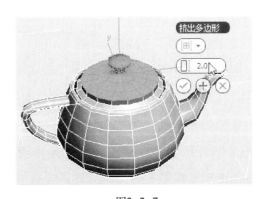

图2-2-7

3ds Max 2011 UI

（10）User Interface Customization（自定义用户界面）

Autodesk Max 2011可以最大化工作区并自定义用户界面，新版本提供了更加灵活的界面控制，连右侧最常使用的工具面板都可以隐藏，而创建与保存的用户界面可以包括经常使用的指令与脚本，并不限定于Autodesk Max内建的指令，如图2-2-8所示。

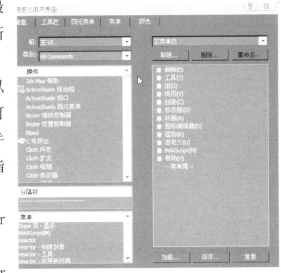

图2-2-8

3ds Max 2011 自定义用户界面

（11）Autodesk Inventor Import Improvements

改善过的Autodesk Inventor导入工作流程，能将Autodesk Inventor信息更正确且高效地导入Autodesk 3ds Max 2011中，并且在导入的同时可以对文件进行相关导入设定，如图2-2-9所示。

（12）Native Solids Import/Export

新的SAT格式可以导入及导出表面与实体模型，包括Autodesk Revit Architecture、Autodesk Inventor、Rhino、SolidWorks、Form-Z等软件。导入后的模型在3ds Max 2011中以"bodies"展示，并保留最大化的数学描述。这样的改进让使用者无需安装额外的插件来进行不同软件间的文件格式转换，现在可以将文件直接导入到Autodesk 3ds Max 2011中，而且还能够继续编辑表面与实体模型，而不是将模型转成破破烂烂的网格对象，实在是一项非常便利的功能，如图2-2-10所示。

（13）Google SketchUp Importer

Autodesk 3ds Max 2011可以更有效率地导入Google SketchUp软件6与7版本的文件，支持SketchUp实体、图层、群组、组件、材料、照相机

图2-2-9

3ds Max 2011 Inventor文件导入

和日光系统，并允许使用者直接由Google 3D Warehouse导入SketchUp文件，对于一般使用者来说这也算是一项很好的帮助，如图2-2-11所示。

图2-2-10

3ds Max 2011 SAT文件导入

图2-2-11

3ds Max 2011谷歌支持

（14）Autodesk Material Library（Autodesk材质资源库）

新的Autodesk材质资源库可以在支持Autodesk applicqtions的软件中无缝转换，包括Autodesk AutoCAD、Autodesk Inventor、Autodesk Revit Architecture、Autodesk Revit MEP与Autodesk Revit Structure。而新的Autodesk材质资源库包含了超过1200种材质样板，几乎涵盖了人们日常生活中所有的材质，这样，材质资源库可以让大部分的使用者无需花太多时间学习材质的设定，就可以制作出逼真的效果，如图2-2-12所示。

（15）Save to Previous Release

Autodesk 3ds Max 2011与

图2-2-12

3ds Max 2011 材质资源库

Autodesk 3ds Max Design 2011可以储存上一个版本（2010）的文件格式，这

种向下支持的转文件功能，相信大部分使用者已经等待很久了，Autodesk公司终于添加了，如图2-2-13所示。

图2-2-13

3ds Max 2011 另存为格式

（16）Updated OpenEXR Plug-in

增强的OpenEXR图像导入与导出外挂支持在同一个EXR文件上创建无限图层，并会自动储存渲染元素与G Buffcr通道成为EXR图层，如图2-2-14所示。

图2-2-14

3ds Max 2011 OpenEXR 配置

（17）最新的mental ray 2011

Autodesk 3ds Max 2011支持mental ray 2011的最新版本，采用的是mental ray 3.8.1.25版本，运算速度更快，效果更好。

（18）Snap Improvements for the Move Tool

新的捕捉点位于坐标轴中心，让使用者在移动对象时可以更精确锁点，如图2-2-15所示。

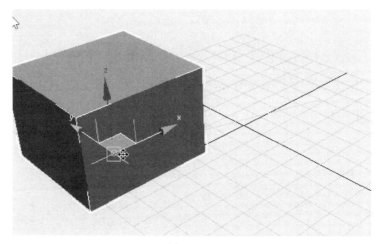

图2-2-15

3ds Max 2011 捕捉点

（19）Control-key Behavior

在Autodesk 3ds Max 2011版本以前，按住Ctrl键可以加入与移除对象选集。在以后的版本中，按住Ctrl键可以加入对象选集，按住Alt键可以移除对象选集。

2. 3ds Max 2011配置要求

下列任何一种操作系统都支持Autodesk 3ds Max 2011软件的32位版本：Microsoft Windows XP Professional 操作系统（SP2或更高版本）；Microsoft Windows Vista Business 操作系统（SP2或更高版本）；Microsoft Windows 7 Professional 操作系统。

3ds Max 2011 32 位版本需要以下补充软件：Microsoft Internet Explorer 7.0 互联网浏览器或更高版本；Mozilla Firefox 2.0 Web 浏览器或更高版本。

基本动画和渲染（通常不到1000个物体或100000个多边形）3ds Max 2011的32位版本最低需要配置以下硬件系统：Intel Pentium Ⅳ 1.4GHz或采用

SSE2技术的同等AMD处理器Ⅱ；2GB内存（推荐4GB）；2GB交换空间（推荐4GB）；Direct 3D 10、Direct 3D 9或OpenGL功能的显卡；256MB显存或更高（推荐1GB或更高）；3GB可用硬盘空间；三键鼠标和鼠标驱动程序软件；DVD-ROM光驱。

3ds Max Composite 媒体缓存硬盘需求：最低10GB（推荐200GB）；HDD：IDE、SATA、SATA 2、SAS、SCSI。

3. 3ds Max 2011的操作界面分布

如图2-2-16所示，我们将3ds Max 2011的操作界面分为11个区域进行讲解。

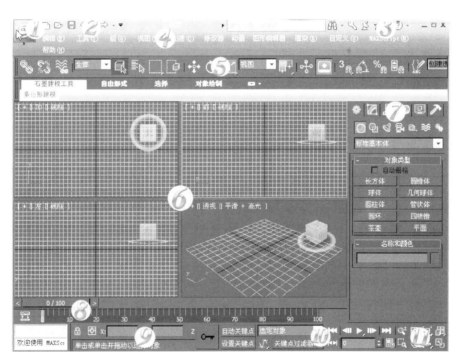

图2-2-16

3ds Max 2011操作界面

（1）应用程序菜单

应用程序菜单位于界面左上角，如图2-2-17所示，提供了文件管理命令，快捷键是Alt+F键。

（2）快速访问工具栏

提供一些最常用的文件管理命令以及"撤消"和"重做"命令，如图2-2-18所示。与其他工具栏一样，操作者可以在"自定

图2-2-17

3ds Max 2011应用程序菜单按钮

义用户界面"面板的"工具栏"面板中自定义快速访问工具栏。操作者还可以从工具栏中直接删除按钮，方法是右键单击按钮并选择"从快速访问工具栏中移除"。此外，操作者还可以通过 Modeling Ribbon 添加任何按钮，方法是右键单击按钮并选择"添加到快速访问工具栏"。

图2-2-18

3ds Max 2011快速访问工具栏

（3）信息中心

它显示在标题栏的右侧，如图2-2-19所示。通过信息中心可访问有关 3ds Max 和其他 Autodesk 产品的信息。

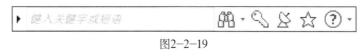

图2-2-19

3ds Max 2011信息中心

（4）菜单栏

3ds Max 2011所有操作命令的汇集处，包括编辑、工具、组、视图、创建、修改器、图形编辑器、动画、渲染、自定义、MAXScript和帮助12项菜单。通过菜单栏所提供的各项命令，可以完成3ds Max 2011的全部功能。

（5）主工具栏

主工具栏位于菜单栏的正下方，如图2-2-20所示。其作用是为了方便用户在制作过程中随时使用快捷命令，其快捷方式都是以按钮的形式存在的，包括常用的选择物体按钮、材质编辑器按钮、锁定按钮等。

图2-2-20

3ds Max 2011主工具栏

（6）工作区

3ds Max 2011创建和编辑图形的主要区域，默认情况下包括顶、前、左、透视四个视图窗口，通过四视图可以准确地观察到模型各种不同角度带来的三维视觉效果，以方便编辑。

（7）命令面板

与工作区水平放置，处于工具栏正下方，如图2-2-21所示。该面板主要由6个选项卡组成，它们是创建、修改、层级、运动、显示以及工具。通常一个命令面板包括多个卷展栏，卷展栏的最前端带有+号或-号，如图2-2-22所示，表示此卷展栏下方存在子选项，通常单击+、-号可以展开或收缩其下方区域。

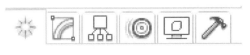

图2-2-21

3ds Max 2011命令面板

图2-2-22

3ds Max 2011卷展栏

（8）时间轴

位于工作区的正下方，如图2-2-23所示，此工具是通过调节时间轴参数控制动画制作的时长、帧总数和关键帧的位置，专门用于制作动画。

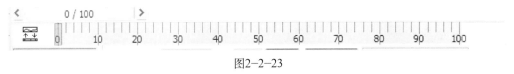

图2-2-23

3ds Max 2011时间轴

（9）状态栏

位于工作区正下方左侧区域，如图2-2-24所示。包括MAXScript 迷你侦听器、状态行、选择锁定切换、坐标显示、自适应降级按钮、栅格设置显示、时间标记。

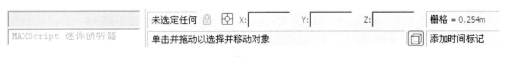

图2-2-24

3ds Max 2011状态栏

（10）动画播放控件

主动画控件（以及用于在视口中进行动画播放的时间控件）位于程序窗口底部的状态栏和视口导航控件之间，如图2-2-25所示。

图2-2-25

3ds Max 2011主动画控件

（11）视口导航控件

在状态栏的右侧，是可以控制视口显示和导航的按钮，如图2-2-26所示。导航控件取决于活动视口。透视视口、正交视口、摄影机视口和灯光视口都拥有特定的控件。正交视口是指"用户"视口、"顶"视口及"前"视口等。所有视口中的"所有视图最大化显示"弹出按钮和"最大化视口切换"都包括在透视和正交视口控件中。

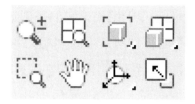

图2-2-26

3ds Max 2011视口导航控件

二、基础几何体建模

几何基本体是3ds Max提供用来作为参量对象的。基本体分为两个类别：标准基本体和扩展基本体。

1.标准基本体

①单击右侧命令面板中的"创建"选项卡以查看"创建"面板。

②单击"创建"面板顶部的一个按钮（几何体）。

③从列表中选择子类别"标准基本体"。

④在"对象类型"卷展栏上出现很多按钮，如图2-2-27所示，一一进行创建即可，如图2-2-28所示。

图2-2-27

卷展栏

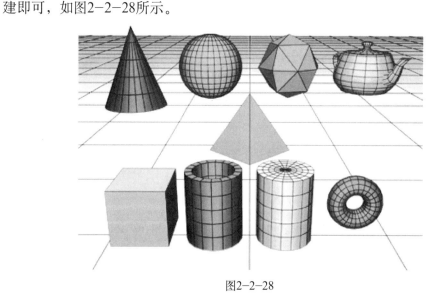

图2-2-28

3ds Max标准基本体

（1）长方体

长方体生成最简单的基本体，立方体是长方体的唯一变体。但是，可以改变缩放和比例以制作不同种类的矩形对象，类型可以从大而平的面板和板材到立方体和小块，如图2-2-29所示。

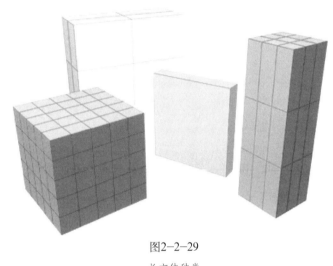

图2-2-29

长方体种类

创建方法如下：

①在"对象类型"卷展栏上，单击"长方体"。

②在任意视口中拖动可定义矩形底部，然后松开鼠标以设置长度和宽度。

③上下移动鼠标以定义该高度。

④单击即可设置完成的高度，并创建长方体。

要创建具有方形底部的长方体，可执行以下操作：

拖动长方体底部时按住 Ctrl 键，这将保持长度和宽度一致。按住 Ctrl 键对高度没有任何影响。

要创建立方体，可执行以下操作：

①在"创建方法"卷展栏中，选择"立方体"。

②在任意视口中拖动可定义立方体的大小。

③在拖动时，立方体将在底部中心上与轴点合并。

④松开鼠标以设置所有侧面的高度。

（2）圆锥体

使用创建命令面板上的圆锥体按钮可以产生直立或倒立的圆形圆锥体，如图2-2-30所示。

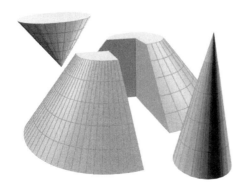

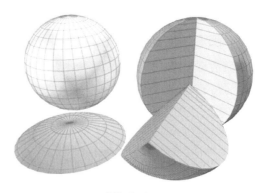

图2-2-30
圆锥体

图2-2-31
球体

创建方法如下：

①在"创建"菜单上，选择"标准基本体"→"圆锥体"。

②在任意视口中拖动以定义圆锥体底部的半径，然后释放鼠标即可设置半径。

③上下移动可定义高度，正数或负数均可，然后单击可设置高度。

④移动以定义圆锥体另一端的半径。对于尖顶圆锥体则将该半径减小为0。

⑤单击即可设置第二个半径，并创建圆锥体。

（3）球体

球体将生成完整的球体、半球体或球体的其他部分，还可以围绕球体的垂直轴对其进行切片，如图2-2-31所示。

要创建球体，可执行以下操作：

①在"创建"菜单上，选择"标准基本体"→"球体"。

②在任意视口中，拖动以定义半径。

③在拖动时，球体将在轴点上与其中心合并。

④释放鼠标可设置半径并创建球体。

要创建半球，可执行以下操作(如果操作者需要，可以颠倒①②步骤的顺序)：

①创建所需半径的球体。

②在"半球"字段中输入0.5。

③球体将精确缩小为上半部，即半球。如果使用微调器，则球体的大小将更改。

（4）几何球体

使用几何球体可以基于三类规则多面体制作球体和半球。与标准球体相比，几何球体能够生成更规则的曲面。在指定相同面数的情况下，它们也可以使用比标准球体更平滑的剖面进行渲染。与标准球体不同，几何球体没有极点，这对于应用某些修改器（如自由形式变形FFD修改器）非常有用，如图2-2-32所示。

要创建几何球体，可执行以下操作：

①在"创建"菜单上，选择"标准基本体"→"几何球体"。

②在任意视口中，拖动可设置几何球体的中心和半径。

③设置像"基点面类型"和"分段"这样的参数。

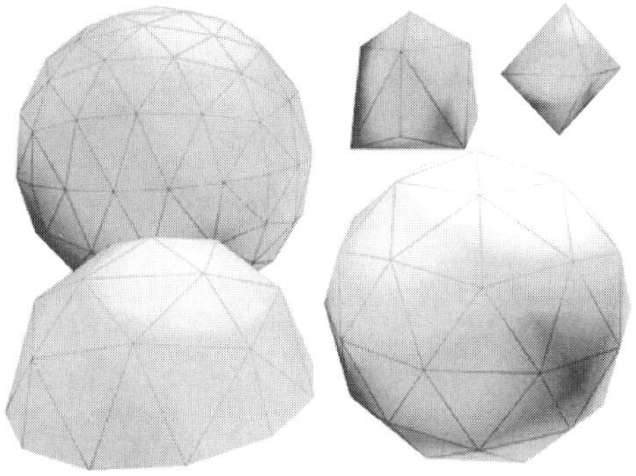

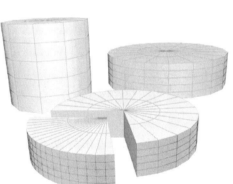

图2-2-32
几何球体

要创建几何半球，可执行以下操作：

①创建一个几何球体。

②在"参数"卷展栏中，选择"半球"复选框，几何球体将转换为半球。

（5）圆柱体

圆柱体功能用于生成圆柱体，操作者可以围绕其主轴进行切片，如图2-2-33所示。

要创建圆柱体，可执行以下操作：

①在"创建"面板上，选择"标准基本体"→"圆柱体"。

②在任意视口中拖动以定义底部的半径，然后释放即可设置半径。

③上移或下移可定义高度，正数或负数均可。

④单击即可设置高度，并创建圆柱体。

图2-2-33
圆柱体

（6）管状体

管状体可生成圆形和棱柱管道。管状体类似于中空的圆柱体，如图2-2-34所示。

要创建管状体，可执行以下操作：

①在"创建"菜单上，选择"标准基本体"→"管状体"。

②在任意视口中，拖动以定义第一个半径，其既可以是管状体的内半径，也可以是外半径。释放鼠标可设置第一个半径。

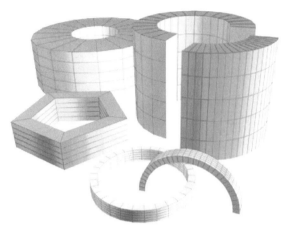

图2-2-34
管状体

③移动以定义第二个半径，然后单击对其进行设置。

④上移或下移可定义高度，正数或负数均可。

⑤单击即可设置高度，并创建管状体。

要创建棱柱管状体，可执行以下操作：

①设置所需棱柱的边数。

②禁用"平滑"。

③创建一个管状体。

（7）圆环

圆环可生成一个圆环或具有圆形横截面的环。操作者可以将平滑选项与旋转和扭曲设置组合使用，以创建复杂的变体，如图2-2-35所示。

要创建环形，可执行以下操作：

①从"创建"菜单上，选择"标准基本体"→"圆环"。

②在任意视口中，拖动以定义环形。

③在拖动时，环形将在轴点上与其中心合并。

④释放鼠标以设置环形环的半径。

⑤移动以定义横截面圆形的半径，然后单击创建环形。

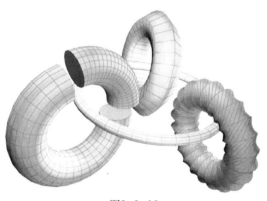

图2-2-35
圆环

（8）四棱锥

四棱锥基本体拥有方形或矩形底部和三角形侧面，如图2-2-36所示。

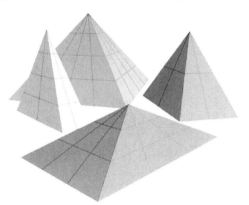

图2-2-36

四棱锥

要创建四棱锥，可执行以下操作：

①在"创建"菜单上，选择"标准基本体"→"四棱锥"。

②选择一个创建方法，"基点/顶点"或"中心"。

③注意使用其中一种创建方法，同时按住 Ctrl 键可将底部约束为方形。

④在任意视口中拖动可定义四棱锥的底部。如果使用的是"基点/顶点"，则定义底部的对角，水平或垂直移动鼠标可定义底部的宽度和深度；如果使用的是"中心"，则从底部中心进行拖动。

⑤先单击再移动鼠标可定义"高度"。

⑥单击以完成四棱锥的创建。

（9）茶壶

茶壶可生成一个茶壶形状。操作者可以选择一次制作整个茶壶（默认设置）或一部分茶壶。由于茶壶是参量对象，因此可以选择创建之后显示茶壶的哪些部分，如图2-2-37所示。

图2-2-37

茶壶

【茶壶的历史】

本茶壶源自 Martin Newell 在1975年创建的原始数据。从放在他书桌上的茶壶网格纸素描开始，Newell 通过计算立方体 Bezier 样条线创建了线框模型。

此时，犹他州立大学的 James Blinn 使用此模型制作了高质量的早期渲染。

茶壶至此成为计算机图形中的经典示例，其复杂的曲线和相交曲面非常适用于制作不同种类的材质贴图并进行渲染。

要创建茶壶，可执行以下操作：

①在"创建"菜单上，选择"标准基本体"→"茶壶"。

②在任意视口中，拖动以定义半径。

③在拖动时，茶壶将在底部中心上与轴点合并。

④释放鼠标可设置半径并创建茶壶。

要创建茶壶部件，可执行以下操作：

①在"参数"卷展栏"茶壶部件"组中，禁用操作者要创建部件之外的所有部件。

②创建一个茶壶，将显示操作者保留的部件，轴点保持在茶壶底部的中心。

③在"参数"卷展栏"茶壶部件"组中，禁用操作者所需部件之外的所有部件。

茶壶具有四个独立的部件：壶体、壶把、壶嘴和壶盖。控件位于"参数"卷展栏的"茶壶部件"组中。操作者可以选择要同时创建的部件的任意组合。单独的壶身是现成的碗或带有可选壶盖的壶。

要将部件转换为茶壶，可执行以下操作：

①在视口中选择一个茶壶部件。

②在"修改"面板"参数"卷展栏上，启用所有部件（这是默认设置），将显示整个茶壶。

③可以将修改器应用到任何独立的部件上。如果以后启用其他部件，则修改器也影响附加几何体。

（10）平面

平面对象是特殊类型的平面多边形网格，可在渲染时无限放大。操作者可以指定放大分段和（或）数量的因子。使用平面对象来创建大型地平面并不会妨碍在视口中工作。操作者可以将任何类型的修改器应用于平面对象（如位移），以模拟陡峭的地形，如图2-2-38所示。

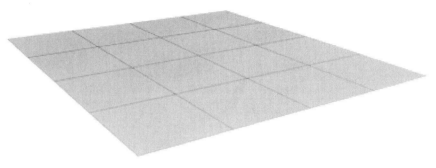

图2-2-38

平面

若要创建平面，可执行以下操作：

①在"创建"菜单上，选择"标准基本体"→"平面"。

②在任意视口中，拖动可创建"平面"。

2.扩展基本体

①单击右侧命令面板中的"创建"选项卡以查看"创建"面板。

②单击"创建"面板顶部的一个按钮（几何体）。

③从列表中选择子类别"扩展基本体"。

④在"对象类型"卷展栏上出现很多按钮，如图2-2-39所示，一一进行创建即可，如图2-2-40所示。

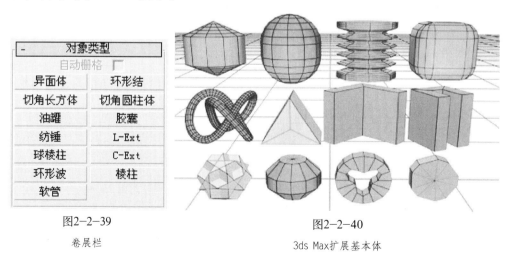

图2-2-39

卷展栏

图2-2-40

3ds Max扩展基本体

所有基本体都提供自动栅格。它们都拥有名称和颜色控件，并且允许操作者从键盘输入初始值。

（1）异面体

使用异面体可通过几个系列的多面体生成对象，如图2-2-41所示。

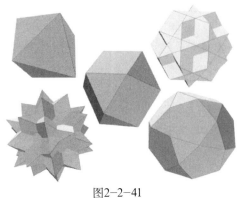

图2-2-41
异面体

要创建异面体，可执行以下操作：

①从"创建"菜单上，选择"扩展基本体"→"异面体"。

②在任意视口中，拖动以定义半径，然后释放以创建多面体。

③在拖动时，将从轴点合并多面体。

④调整"系列参数"和"轴比例"微调器可改变异面体的外观。

（2）环形结

使用环形结可以通过在正常平面中围绕3D曲线绘制2D曲线来创建复杂或带结的环形。3D曲线（称为"基础曲线"）既可以是圆形，也可以是环形结。操作者可以将环形结对象转化为 NURBS 曲面，如图2-2-42所示。

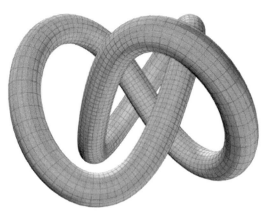

图2-2-42
环形结

要创建环形结，可执行以下操作：

①在"创建"菜单上，选择"扩展基本体"→"环形结"。

②拖动鼠标，定义环形结的大小。

③先单击再垂直移动鼠标可定义半径。

④再次单击以完成环形结创建。

⑤调整"修改"面板上的参数。

（3）切角长方体

使用切角长方体可以创建具有倒角或圆形边的长方体，如图2-2-43所示。

图2-2-43

切角长方体

要创建标准的切角长方体，可执行以下操作：

①从"创建"菜单上，选择"扩展基本体"→"切角长方体"。

②拖动鼠标，定义切角长方体底部的对角线角点（按 Ctrl 可将底部约束为方形）。

③释放鼠标按钮，然后垂直移动鼠标以定义长方体的高度，单击可设置高度。

④对角移动鼠标可定义圆角或倒角的高度（向左上方移动可增加宽度，向右下方移动可减小宽度）。

⑤再次单击以完成切角长方体创建。

要创建切角立方体，可执行以下操作：

①在"创建方法"卷展栏上，单击"立方体"。

②在立方体中心开始操作，在视口中拖动以同时设置长、宽、高三个维度。

③松开鼠标，然后移动鼠标以设置圆角或倒角。

④单击以创建对象。

⑤可以更改"参数"卷展栏中立方体的单个维度。

（4）切角圆柱体

使用切角圆柱体可以创建具有倒角或圆形封口边的圆柱体，如图2-2-44所示。

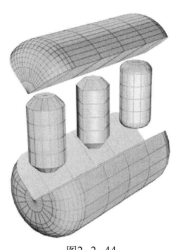

要创建切角圆柱体，可执行以下操作：

①从"创建"菜单上，选择"扩展基本体"→"切角圆柱体"。

②拖动鼠标，定义切角圆柱体底部的半径。

③释放鼠标按钮，然后垂直移动鼠标以定义圆

图2-2-44

切角圆柱体

柱体的高度，单击以设置高度。

④对角移动鼠标可定义圆角或倒角的高度（向左上方移动可增加宽度，向右下方移动可减小宽度）。

⑤单击以完成圆柱体创建。

（5）油罐

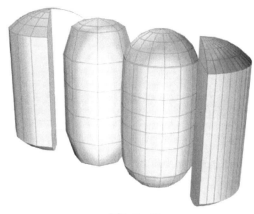

图2-2-45

油罐

使用油罐可创建带有凸面封口的圆柱体，如图2-2-45所示。

要创建油罐，可执行以下操作：

①从"创建"菜单上，选择"扩展基本体"→"油罐"。

②拖动鼠标，定义油罐底部的半径。

③释放鼠标按钮，然后垂直移动鼠标以定义油罐的高度，单击以设置高度。

④对角移动鼠标可定义凸面封口的高度（向左上方移动可增加高度，向右下方移动可减小高度）。

⑤再次单击可完成油罐创建。

（6）胶囊

使用胶囊可创建带有半球状封口的圆柱体，如图2-2-46所示。

要创建胶囊，可执行以下操作：

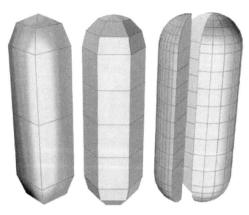

图2-2-46

胶囊

①从"创建"菜单上，选择"扩展基本体"→"胶囊"。

②拖动鼠标，定义胶囊的半径。

③释放鼠标按钮，然后垂直移动鼠标以定义胶囊的高度。

④单击即可设置高度，并完成胶囊创建。

（7）纺锤

使用纺锤基本体可创建带有圆锥形封口的圆柱体，如图2-2-47所示。

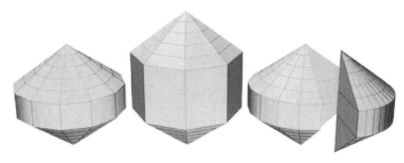

图2-2-47

纺锤体

要创建纺锤，可执行下列操作：

①从"创建"菜单上，选择"扩展基本体"→"纺锤"。

②拖动鼠标，定义纺锤底部的半径。

③释放鼠标按钮，然后垂直移动鼠标以定义纺锤的高度，单击以设置高度。

④对角移动鼠标可定义圆锥形封口的高度（向左上方移动可增加高度，向右下方移动可减小高度）。

⑤再次单击以完成纺锤创建。

（8）L-EXT

使用L形挤出可创建挤出的L形对象，如图2-2-48所示。

图2-2-48

L-EXT

要创建L-EXT对象，可执行以下操作：

①从"创建"菜单上，选择"扩展基本体"→"L-EXT"。

②拖动鼠标以定义底部（按 Ctrl 可将底部约束为方形）。

③释放鼠标并垂直移动可定义L形挤出的高度。

④单击后垂直移动鼠标可定义L形挤出墙体的厚度或宽度。

⑤单击以完成L形挤出创建。

（9）球棱柱

使用球棱柱可以利用可选的圆角面边创建挤出的规则面多边形，如图2-2-49所示。

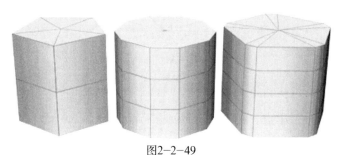

图2-2-49
球棱柱

要创建球棱柱，可执行以下操作：

①从"创建"菜单上，选择"扩展基本体"→"球棱柱"。

②设置"侧面"微调器，以指定球棱柱中侧面楔子的数量。

③拖动鼠标可创建球棱柱的半径。

④释放鼠标按钮，然后垂直移动鼠标以定义球棱柱的高度，单击以设置高度。

⑤对角移动鼠标可沿着侧面角指定切角的大小（向左上方移动可增加角度，向右下方移动可减小角度）。

⑥单击以完成球棱柱创建。

提示：在"参数"卷展栏中，增加"圆角分段"微调器可将切角化的角变为圆角。

（10）C-Ext

使用C-Ext可创建挤出的C形对象，如图2-2-50所示。

要创建 C-Ext对象，可执行以下操作：

①从"创建"菜单上，选择"扩展基本体"→"C-Extrusion"。

②拖动鼠标以定义底部（按Ctrl可将底部约束为方形）。

图2-2-50
C-Ext(模型)

③释放鼠标并垂直移动可定义C形挤出的高度。

④单击后垂直移动鼠标可定义C形挤出墙体的厚度或宽度。

⑤单击以完成C形挤出创建。

（11）环形波

使用环形波对象来创建一个环形，可选项有不规则内部和外部边，它的图形既可以设置为动画，也可以设置环形波对象增长动画，还可以使用关键帧来设置所有参数以完成动画。例如由星球爆炸产生的冲击波，如图2-2-51所示。

图2-2-51

环形波

要创建一个基本动画环形波，可执行以下操作：

①在菜单栏上，选择"创建"→"扩展基本体"→"环形波"。

②在视口中拖动可以设置环形波的外半径。

③释放鼠标按钮，然后将鼠标移回环形中心以设置环形内半径。

④单击可以创建环形波对象。

⑤拖动时间滑块以查看基本动画，由"内边波折"组→"爬行时间"设置决定。

⑥要设置环形增长动画，可选择"环形波计时"组→"增长并保持"或"循环增长"。

（12）棱柱

使用棱柱可创建带有独立分段面的三面棱柱，如图2-2-52所示。

要创建将等腰三角形作为底部的棱柱，可执行以下操作：

①选择"创建方法"卷展栏上的"二等边"。

②在视口中水平拖动以定义侧面1的长度（沿着X轴），垂直拖动以定义侧面2和侧面3的长度（沿着Y轴）。

③要将底部约束为等边三角形，可在执行此步骤之前按 Ctrl。

④释放鼠标并垂直移动可定义棱柱体的高度。

⑤单击以完成棱柱体的创建（在"参数"卷展栏上，根据需要可更改侧面的长度）。

图2-2-52

棱柱

要创建底部为不等边三角形或钝角三角形的棱柱体，可执行以下操作：

①在"创建方法"卷展栏中选择"基点/顶点"。

②在视口中水平拖动以定义侧面1的长度（沿着X轴），垂直拖动以定义侧面2和侧面3的长度（沿着Y轴）。

③先单击再移动鼠标以指定三角形顶点的位置，这样可以改变侧面2和侧面3的长度，以及三角形的角度。

④先单击再垂直移动鼠标可定义棱柱体的高度。

⑤单击以完成棱柱体的创建。

（13）软管

软管是一个能连接两个对象的弹性对象，因而能反映这两个对象的运动。它类似于弹簧，但不具备动力学属性。可以指定软管的总直径、长度、圈数以及其"线"的直径和形状，如图2-2-53所示。

图2-2-53

软管

要创建软管，可执行以下操作：

①从菜单栏上，选择"创建"→"扩展基本体"→"软管"。

②拖动鼠标，定义软管的半径。

③松开鼠标，然后移动鼠标以定义软管的长度。

④单击以完成软管的创建。

若要将软管绑定至两个对象，可执行以下操作：

①添加软管和其他两个模型，然后选择软管。

②在"修改"面板 →"软管参数"卷展栏 →"端点方法"组中，选择"绑定到对象轴"。

③在"绑定对象"组中，单击"拾取顶部对象"，然后选择两个对象中的一个。

④在"绑定对象"组中，单击"拾取底部对象"，然后选择两个对象中的另一个。

⑤软管的两端将连接到两个对象上。

⑥移动其中一个对象，软管将调整自身，以保持与两个对象的连接。

三、编辑多边形

上节所学的3ds Max基本几何体和扩展几何体只是单纯的几何图形，只能通过修改面板里的参数进行参数化调整，不同于Maya创建出来的多边形几何体直接就是可编辑的多边形，拥有直接修改点、边、面的能力，所以在3ds Max中几何体创建完成后需要再进行可编辑多边形的转化。

1. 3ds Max的四种建模方式

在使用3ds Max时会根据所要求创建模型的不同而进行不同方式的建模，操作者们将常用的四种方式称为四大建模，它们分别是：

多边形建模——这是我们重点讲解也是最常用的，可编辑顶点、边、边界、面、元素，如图2-2-54所示。

网格建模——建筑中多用，稳定性好，可编辑顶点、边、三角面、面、元素，如图2-2-55所示。

面片建模——线加曲面的建模，用得少，可编辑顶点、边、面片、元素、手柄，如图2-2-56所示。

图2-2-54

可编辑多边形编辑面板

图2-2-55

可编辑网格编辑面板

图2-2-56

可编辑面片编辑面板

④NURBS建模——工业建模，如图2-2-57所示。

2.编辑多边形建模

将几何体物体转换成编辑多边形的方法有三种：

其一，创建或选择一个几何体对象，单击鼠标右键"转换为"→"转换为可编辑多边形"，如图2-2-58所示。

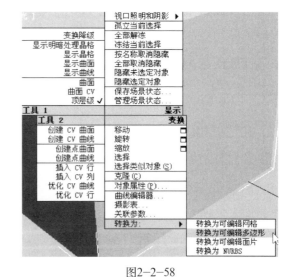

图2-2-57

NUBRS曲面编辑面板

图2-2-58

鼠标右键转换

其二，创建或选择一个对象几何体，在修改面板中右键单击堆栈中的几何体对象，选择"转换为:可编辑多边形"，如图2-2-59所示。

其三，创建或选择一个对象几何体，在修改面板中选择修改器列表，然后在列表中选择编辑多边形，如图2-2-60所示。

图2-2-59

在修改面板堆栈栏中单击右键

图2-2-60

在修改器列表中选择

以上三种方法所得到的效果是一样的，唯一不同的是第三种方法可以保留原始几何体堆栈并进行修改，推荐使用。

3.编辑多边形中的常用命令

可编辑多边形是一种多边形网格，也就是说，与可编辑网格不同的是，它使用超过三面的多边形。可编辑多边形非常有用，因为它们可以避免看不到边缘。例如，如果操作者对可编辑多边形执行切割和切片操作，3ds Max不会沿任何不可见边插入额外的顶点。操作者可以将 NURBS 曲面、可编辑网格、样条线、基本体和面片曲面转换为可编辑多边形。

（1）修改器堆栈命令

修改器堆栈控件显示在修改面板顶部附近，正好在修改器列表的下面，如图2-2-61所示，修改器堆栈（简称"堆栈"）包含项目的累积历史记录，其中包括所应用的创建参数和修改器。堆栈的底部是原始项目，对象的上面就是修改器，按照从下到上的顺序排列，这便是修改器应用于对象几何体的顺序。

要以子对象级别进行操作，可通过单击打开层次，然后再次单击，选择子对象级别。此特定级别的控件或子对象的类型显示在堆栈下面的卷展栏中。打开对象的层次可访问子对象级别，如图2-2-62所示。

图2-2-61

修改器堆栈

图2-2-62

子对象层级

要关闭修改器的效果，可执行下列操作之一：

①单击堆栈中修改器名称左侧的 💡电灯泡图标。应用修改器之后，电灯泡图标在默认情况下处于启用状态。

②在堆栈显示中右键单击修改器，然后选择"禁用"。

要重新启用修改器的效果，可执行下列操作之一：

①单击堆栈中修改器名称左侧的 💡电灯泡图标。

②在堆栈显示中右键单击修改器，然后选择"启用"。

位于堆栈显示下面的是一行按钮 📌 𝄪 ∨ 🗑 🔲 ，用于管理堆栈。

① 📌锁定堆栈

将堆栈锁定到当前选定的对象，无论后续选择如何更改，它都属于该对象。整个"修改"面板同时将锁定到当前对象。

锁定堆栈非常适用于在保持已修改对象的堆栈不变的情况下变换其他对象。

② 𝄪 显示最终结果

显示在堆栈中所有修改完毕后出现的选定对象，与操作者当前在堆栈中的位置无关。禁用此切换选项之后，对象将显示为对堆栈中的当前修改器所做的最新修改。

③ ∨ 使唯一

将实例化修改器转化为副本，它对于当前对象是唯一的。

④ 🗑 移除修改器

删除当前修改器或取消绑定当前空间扭曲。

⑤ 🔲配置修改器集

单击可显示弹出"修改器集"菜单。

（2）编辑多边形模式卷展栏

打开编辑多边形模式"卷展栏，如图2-2-63所示。通过此卷展栏可以访问"编辑多边形"的两个操作模式：模型（用于建模）和动画（用于反映建模效果的动画）。例如，可以为沿样条线挤出的多边形设置"锥化"和"扭曲"的动画。

图2-2-63
编辑多边形

在会话之间，3ds Max分别记住每个对象的当前模式。同一模式在所有子对象层级都处于活动状态。

使用"编辑多边形模式"，还可以访问当前操作的小盒（如果有），并提交或取消建模和动画更改。

①模型，用于使用"编辑多边形"功能建模。在"模型"模式下，不能设置操作的动画。

②动画，用于使用"编辑多边形"功能设置动画。除选择"动画"外，必须启用自动关键点或使用设置关键点，才能设置子对象变换和参数更改的动画。另外，在"动画"模式下可以对在堆栈中向上传递的子对象选择动画应用单个命令，例如"挤出"或"切角"。

（3）各子对象层级命令

子对象层级不处于活动状态时，如图2-2-64所示。这些功能适用于所有的子对象层级，且在每种模式下的用法相同，可以通过卷展栏或修改器堆栈访问不同的子对象层级－_____选择_____。

①子对象层级编辑顶点 卷展栏命令，如图2-2-65所示。

②子对象层级编辑边 卷展栏命令，如图2-2-66所示。

③子对象层级编辑边界 卷展栏命令，如图2-2-67所示。

④子对象层级编辑多边形（面）■卷展栏命令，如图2-2-68所示。

图2-2-64

编辑多边形（对象）卷展栏命令

图2-2-65

编辑顶点卷展栏命令

图2-2-66

编辑边卷展栏命令

图2-2-67

编辑边界卷展栏命令

⑤子对象层级编辑元素 📦 卷展栏命令，如图2-2-69所示。

图2-2-68

编辑多边形卷展栏命令

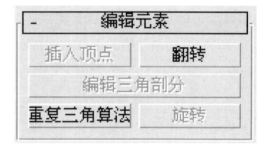

图2-2-69

编辑元素卷展栏命令

四、3ds Max的常用快捷键

现将3ds Max软件中常用的快捷键做一下分类，作为初学者应该加强快捷操作的熟练性，这样有助于提高操作者的操作效率，如表2-2-1所示。

表2-2-1　3ds Max 常用快捷键

	按键	操作
渲染常用	7键	面数显示开关
	8键	环境、效果面板
	9键	染参数面板
	Shift＋Q键	使用上次参数，但渲染之前允许选择区域（如果已经用了Region选框）快速渲染
	F9键	比上面的更进一步，使用上次所有设置，立刻开始渲染

多边形建模常用	Alt+E键	挤出
	Alt+C键	切割（加线）
	Alt+V键	目标焊点
	数字1、2、3、4、5键	多边形或者面片建模时各个不同的层级切换
	按住Shift键移动边	拉出新模型
	A键	固定角度旋转开关
	S键	抓取开关
	Alt+B键	设置视图背景（可渲染）
其他常用	Ctrl+X键	专家模式在制作粒子流项目时，可以有效扩展其操作界面，其中命令面板也可以自定义快捷键来使用
	M键	材质编辑器
	空格键	锁定选择的对象
	W、E键	移动、旋转
	F12键	精确变换（移动或缩放或旋转）
	选中物体后Ctrl+V键	原地复制
	G键	隐藏当前视图的辅助网格
	Shift+G键	显示/隐藏所有几何体（Geometry）（非辅助体）
	Shift+S键	隐藏二维图形（Shapes）
	Shift+L键	显示/隐藏所有灯光（Lights）
	H键	显示选择物体列表菜单
	Shift+H键	显示/隐藏辅助物体（Helpers）
	Ctrl+H键	使用灯光对齐（Place Highlight）工具
	Ctrl+Alt+H键	把当前场景存入缓存中（Hold）
	I 键	平移视图到鼠标中心点
	Shift+I键	间隔放置物体
	Ctrl+I键	反向选择
	J键	显示/隐藏所选物体的虚拟框（在透视图、摄像机视图中）
	K键	打关键帧
	L键	切换到左视图
	Ctrl+L键	在当前视图使用默认灯光（开/关）
	Ctrl+M键	光滑Poly物体
	N键	打开自动（动画）关键帧模式
	Ctrl+N键	新建文件
	Alt+N键	使用法线对齐（Place Highlight）工具
	Ctrl+O键	打开文件
	P键	切换到等大的透视图（Perspective）
	Shift+P键	隐藏/显示离子(Particle Systems)物体
	Ctrl+P键	平移当前视图
	Alt+P键	在Border层级下使选择的Poly物体封顶

Shift+Ctrl+P键	百分比(Percent Snap)捕捉(开/关)
Q键	选择模式（切换矩形、圆形、多边形、自定义）
Alt+Q键	孤立模式
Ctrl+R键	旋转当前视图捕捉网络格（方式需自定义）
Shift+S键	隐藏线段
Ctrl+S键	保存文件
U键	改变到等大的用户(User)视图
Shift+W键	隐藏/显示空间扭曲(Space Warps)物体
Ctrl+W键	根据框选进行放大
Alt+W键	最大化当前视图（开/关）
X键	显示/隐藏物体的坐标（Gizmo）
Alt+X键	半透明显示所选择的物体
Z键	放大各个视图中选择的物体（各视图最大化显示所选物体）
Shift+Z键	还原对当前视图的操作（平移、缩放、旋转）
Ctrl+Z键	还原对场景（物体）的操作
Alt+Z键	对视图的拖放模式（放大镜）
Shift+Ctrl+Z键	放大各个视图中所有的物体（各视图最大化显示所有物体）
Alt+Ctrl+Z键	放大当前视图中所有的物体（最大化显示所有物体）

(左侧合并单元格：其他常用)

第三节　项目实训

1.模型创建前的分析

在学习三维软件的开始阶段，一般会用到堆砌建模方法。所谓堆砌建模，就是使用标准基本体和扩展基本体改变几个参数，并通过旋转、缩放、移动把它们堆砌起来创建出简单光滑的模型。下边我们学习一下椅子的建模，如图2-3-1所示。

图2-3-1

木椅参考图

在建模前首先对椅子的构造进行拆分，我们根据参考物体的形状和前后上下的位置可以把物体拆分为椅子脚、椅子面、椅子脚的连接、靠背四部分，然后再一一制作，使用堆砌法完成建模。

2.制作步骤

（1）创建椅子脚

①首先创建一个长方体Box001，在修改面板中把长、宽、高的参数改成3.5、3.5、70.0，将长方体XYZ的坐标全部归零，如图2-3-2所示。

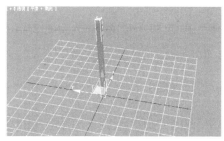

图2-3-2

椅子脚参数及完成效果

②选择Box001并按Ctrl+V克隆出Box002，在克隆对象选项里选择复制，如图2-3-3所示。

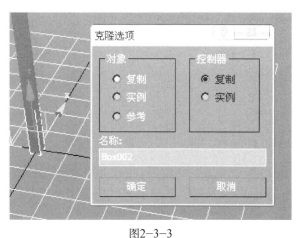

图2-3-3

克隆选项

③将克隆出来的Box002在X轴方向移动距离30，选择Box002再克隆一个Box003在Y轴方向移动距离30，选择Box003继续克隆一个Box004将X轴方向归零。

④在做好的四个椅子脚中任意选择平行的两个，将其高的参数改成30.0，如图2-3-4所示。

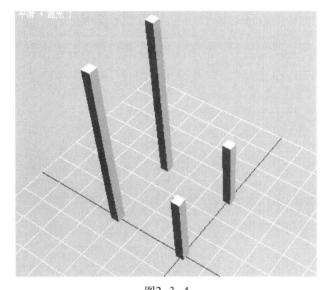

图2-3-4

四个椅子脚完成效果

（2）创建椅子面

任意创建一个长方体，在修改面板把长、宽、高参数改成33.5、33.5、3，使用位移工具在视图中将椅子面和椅子脚对齐，如图2-3-5所示。

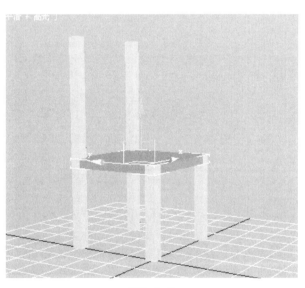

图2-3-5

椅面效果

（3）创建椅子脚的连接

任意创建一个管状体，在修改面板把半径1、半径2、高度以及高度分段、端面分段、边数参数改成22.5、20.5、1.5以及15.0、1.0、4.0，使用旋转工具在Z轴方向旋转45度，再用位移工具在视图中将椅子脚的连接和椅子脚对齐，如图2-3-6所示。

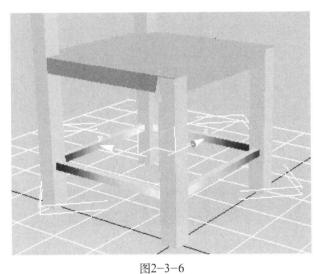

图2-3-6

椅子脚连接效果

（4）创建靠背

①在扩展基本体里创建一个切角长方体，在修改面板把长、宽、高以及圆角参数改成6.0、30.0、1.5和5.0，使用旋转和位移工具在视图中将靠背与椅子脚上端对齐，如图2-3-7所示。

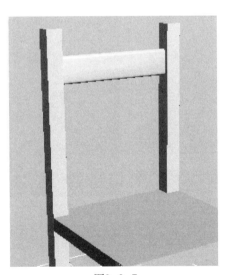

图2-3-7

靠背效果

②在前视图继续创建一个切角长方体，将其长、宽、高以及圆角参数改成

35.0、2.0、1.0和5.0，然后克隆两个，使用位移工具在视图中将其移动到椅面和椅背的中间位置，如图2-3-8所示。

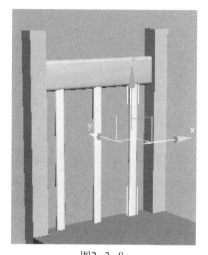

图2-3-8

靠背完成效果

③将模型全部选中，在修改面板中统一选择一个颜色，这样椅子的制作就完成了，如图2-3-9所示。

图2-3-9

最终效果

【本章小结】

1.Maya和3ds Max之间的区别还是很多的，通过本章的学习，大家应能大体了解两款软件的基本操作界面和命令。什么时候用3ds Max，什么时候用Maya，还是要取决于制作的内容。

2.Maya更适合做一些影视后期特效，如虚拟的场景与人物、角色动画、栏目包装等，适合大批量项目制作，而3ds Max比较适合做一些卡通动画、游戏美工和建筑。当然所有的事物都不是绝对的，随着软件开发越来越高端，两款软件的差异也越来越少。

3.通过本章的学习，大家应可以做一些简单的搭拼式的模型，可以尝试自己做一些日常生活中常见的模型。

第三章

多边形建模综合应用

第一节　模型制作中常用的建模方式

1.多边形建模

多边形是现今建模方式中应用率最高的一种。多边形建模使用几何图形和几何体的拼接创建出空间效果，并对几何体进行点、线、面的编辑，从而完成建模。

2.面片建模

面片建模应用于早期建模方式中，是一种介于NURBS建模和网格建模之间的建模方式。

3. NURBS建模

NURBS建模是一种曲面建模方式，多用于工业模型的创建。

4.网格建模

此方法多出现在3ds Max中，与多边形建模相似，但多以三角面为主。

5.细分建模

细分建模类似于NURBS,它创建出的模型有着光滑的表面，由许多多边形组成，并且数量是可以控制的，可以用相对较少的控制点去控制它。另外，可使用大多数多边形工具在细分模型上。此方式多存在于Maya中。

6.放样建模

自定义一条路径，再在路径的不同位置添加不同的剖面图形，同时对剖面图形的形状、路径的形状进行编辑修改，这种方式被称为放样建模。

7.复制建模

指应用几种常用的复制方法如单体复制、多体复制和阵列复制进行模型的制作。

第二节　多边形场景建模基础知识

一、二维场景设计

场景是指随着故事的展开，围绕在角色周围、与角色发生关系的所有景物，即角色所处的生活场所、社会环境、自然环境以及历史环境，甚至包括作为社会背景出现的群众角色，都是场景设计的范围。场景一般分为室内景、室外景和室内外结合景。

三维场景设计要根据美术设计师绘制的二维设计图进行三维模型化，在学习初期建议大家可以临摹一些经典的美术片或电影场景进行三维模型化练习，然后再自行创作，毕竟动画场景设计的种类风格很多，需要从剧本出发，从生活出发。以下给大家一些风格化的不同场景图作为参考，如图3-2-1所示。

二、建筑

1.什么是建筑

建筑是人们用泥土、砖、瓦、石材、木材（近代用钢筋砼、型材）等建筑材料建成的一种供人居住和使用的空间，如住宅、桥梁、体育馆、窑洞、水塔、寺庙等等。广义上来讲，景观、园林也是建筑的一部分。更广义地讲，动物有意识建造的巢穴都可算作建筑。西哲有云：建筑是凝固的音乐，建筑是一部石头史书。古罗马建筑家维特鲁威的经典名作《建筑十书》提出了建筑的三个标准：坚固、实用、美观，一直影响着后世建筑学的发展。

图3-2-1

多种风格的场景设计

图3-2-2
迪拜人工棕榈岛

2.中国传统建筑

中国古代建筑品类繁盛，包括宫殿、陵园、寺院、宫观、园林、桥梁、塔刹等。

中国古代建筑具有朴素淡雅的风格，主要以茅草、木材为建筑材料，以木架构为结构方式（柱、梁、枋、檩、椽等构件），按照结构需要的实际大小、形状和间距组合在一起。这种建筑结构方式反映了古代宗法社会结构的清晰、有序和稳定。由于木质材质制作的梁柱不易形成巨大的内部空间，古代建筑便巧妙地利用外部自然空间组成庭院。庭院是建筑的基本单位，它既是封闭的，又是开放的；既是人工的，又是自然的，可以植花草树木，仰观风云日月，成为古人"天人合一"观念的又一表现，也体现了中国人既含蓄内向，又开拓进取的民族性格。古代稍大一些的建筑都是由若干个庭院组成的建筑群，单个建筑物和庭院沿一定走向布置，有主有次，有高潮有过渡，成为有层次、有深度的空间，呈现出一种中国人所追求的整体美和深邃美。其中宫殿、寺庙一类比较庄严的建筑，往往沿着中轴线一个接一个地纵向布置主要建筑物，两侧对称地布置次要建筑物，布局平衡舒展，引人入胜。

图3-2-3

中国万里长城

3.西方古典建筑

西方古典建筑有两种含义，广义上，是指工业革命以前以建筑外立面形式为主要设计出发点的建筑，狭义上的古典建筑是指古希腊和古罗马时期的以柱式(Order)为主要设计出发点的建筑，与以后的其他建筑样式相区别。

图3-2-4

西班牙圣家族大教堂

古代西方文化是从地中海沿岸产生的,古希腊是西方文化的摇篮,同样是西方建筑的开拓者。古希腊建筑的精髓之处在于古典柱,多立克、爱奥尼、科林斯柱为西方古典柱奠定了基础,希腊人和罗马人同属印欧种族,深深地影响了西方两千年的建筑发展。

4.现代建筑

19世纪工业的大发展和城市的扩大需要建造大批工厂、仓库、住宅、铁路建筑、办公建筑、商业服务建筑等。在建筑史上长期占有突出地位的帝王宫殿、坛庙和陵墓退居次要地位,而以生产性和实用性为主的建筑愈益重要。新型建筑提出了新的功能要求,有的要求大跨度,如博览会、展览馆、铁路站棚;有的要求增加建筑层数,如大城市中心区的商业建筑;有的要求有复杂的使用功能,如医院、科学实验室。建筑形制变化迅速,照搬照抄传统的、定型的法式制度已经不能满足上述要求了。

以往几千年世界各地区建筑所用的主要材料不外乎土、木、砖、瓦、灰、砂、石等天然的或手工制造的材料。工业革命以后,建筑业的第一个变化是铁材质的广泛使用。先是用铁做房屋内柱,接着做梁和屋架,还用铁制作穹顶。19世纪后期,钢产量大增,性能更为优异的钢材代替了铁材。与此同时水泥也渐渐用于房屋建筑,19世纪出现了钢筋混凝土结构,钢和水泥的应用使房屋建筑出现了飞跃式的变化。

图3-2-5

迪拜哈利法塔

第三节　多边形场景建模制作实例

有了一定的理论知识后，我们接下来学习使用Maya中的多边形建模方法制作一个综合的建筑模型，如图3-3-1所示。

图3-3-1

首先我们分析一下这张场景图，这属于一个幻想类的大场景，有点模仿古玛雅文化的感觉。去除光效对我们误导，可以发现其中包含城楼、塔楼、城墙等等，现在我们将其拆分为八个大部分依次学习制作。

一、塔楼的制作

（1）首先创建一个多边形的方体，将方体的端点捕捉到网格上，按住键盘的X键快捷键（捕捉网格），拖拽单个移动坐标轴，将方体调节为5个单位的长，如图3-3-2所示。

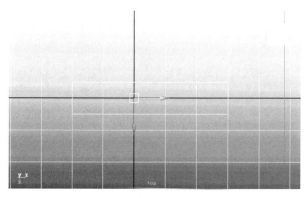

图3-3-2

（2）通过Edit Mesh菜单里的Insert Edge Loop Tool分割多边形工具，将多边形分割成5段，如图3-3-3所示，并将五个片段分别捕捉到每个网格上。

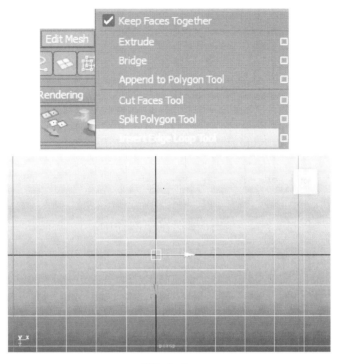

图3-3-3

（3）通过Edit Mesh菜单里的Extrude命令，将模型挤压成如图3-3-4所示的图形，这个形体就作为城墙墙垛的单元。

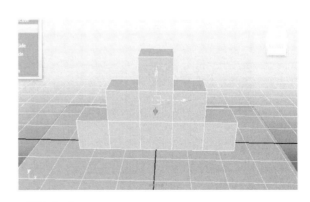

图3-3-4

（4）由于该物体创建的时候其轴心轴并没有在物体的重心上，所以通过Modify中的Center Pivot（轴心点居中）命令使物体的轴心轴处于物体重心的位置上，如图3-3-5所示。

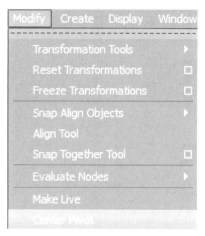

图3-3-5

（5）通过快捷键X键，将物体捕捉在网格的中心位置上。

（6）Ctrl+D复制该物体，复制出五个，并且摆放的时候也都是捕捉在网格上。通过捕捉工具可以将物体很规则地创建出来，并摆放在场景里，如图3-3-6所示。

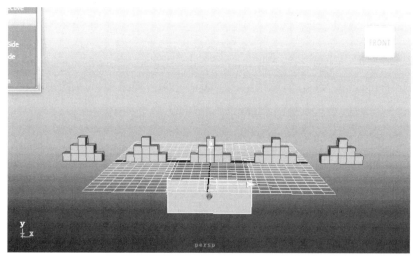

图3-3-6

（7）再创建一个多边形的方体，将方体上边的面紧贴在刚才创建的物体下方，这时就需要使用Maya里的点的捕捉和网格的捕捉。由于该物体的轴心位于物体的重心位置上，因此先要将新创建出来的方体的轴心捕捉在其上边的端点上。 按住键盘上的D键，可以改变物体轴心的位置，同时按住键盘上的V键（捕捉端点的快捷键），用鼠标移动轴心轴，这样该方体的轴心轴就可以自动捕捉在物体的端点上了，如图3-3-7所示。

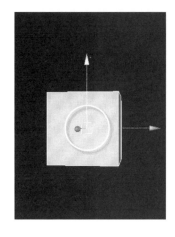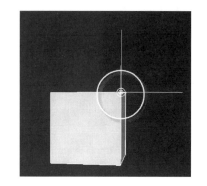

图3-3-7

再通过点捕捉的快捷键将物体捕捉到墙垛的底端，如图3-3-8所示。

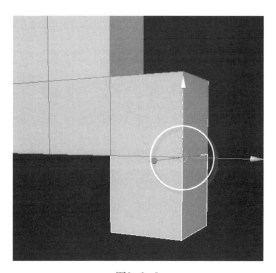

图3-3-8

（8）最后完成效果如图3-3-9所示。

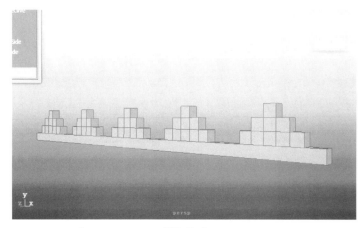

图3-3-9

（9）做好这一组之后，由于要做一圈（四组），因此可以通过旋转复制的方式来进行制作。先选择所有的物体，然后对其进行旋转，可以发现这些物体只会沿着自身的坐标轴旋转，这是由于物体都有自己的轴心轴，物体在旋转缩放的时候，都是以轴心为中心的。将这些物体的轴心通过点的捕捉捕捉到右边的端点上，这样所有物体在旋转的时候都会以右边的端点为轴心旋转，如图3-3-10、3-3-11所示。

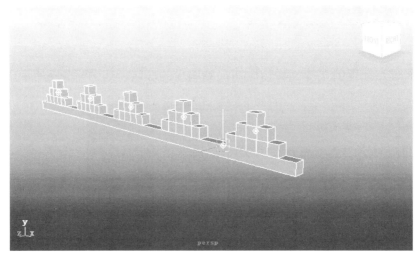

图3-3-10

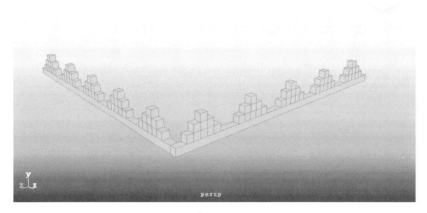

图3-3-11

（10）旋转过来之后，需要对边角稍微处理一下，使两个端点捕捉，如图3-3-12所示。

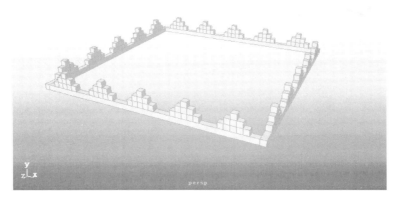

图3-3-12

（11）复制，然后进行点的捕捉，处理边角，如图3-3-13、3-3-14所示。

图3-3-13

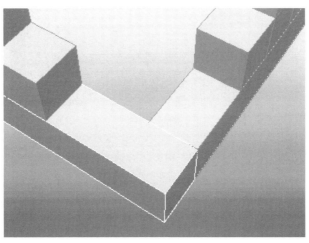

图3-3-14

（12）通过环切多边形工具将模型分割并通过V键捕捉点，捕捉到合适的位置，如图3-3-15所示。

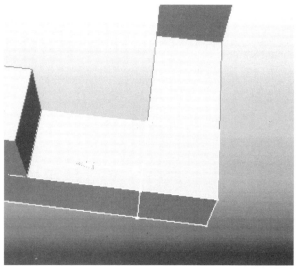

图3-3-15

（13）进入多边形面的元素级别，删除两个物体重合的面，如图3-3-16所示。

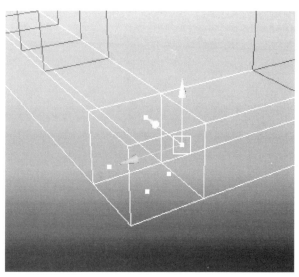

图3-3-16

（14）使用Mesh菜单里的Combine合并多边形物体命令将两个物体合并成一个物体。这个时候虽然看起来变成了一个物体，但其点都是分开的，所以操作者需要框选所需缝合的点，然后执行Edit Mesh菜单里的Merge缝合点命令，如图3-3-17所示。

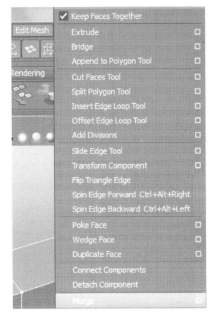

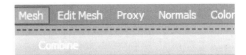

图3-3-17

（15）将多余的边删除掉，重新给这个边角分割布线，使用Edit Mesh菜单里的Split Polygon Tool分割多边形工具命令。布线结构如图3-3-18所示。

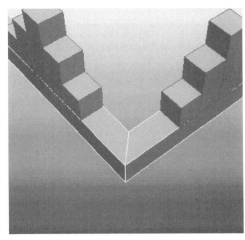

图3-3-18

（16）新建一个多边形的方体，通过缩放以及挤压命令将物体调解成如图3-3-19所示的形状。

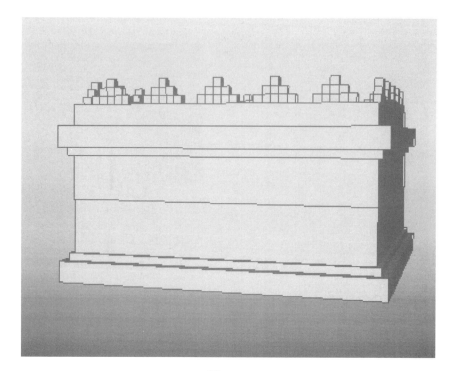

图3-3-19

（17）再新建一个多边形的方体，把它调整到合适的位置，选择外边的面，对面进行挤压，并通过缩放工具将其整体缩放，再对物体进行挤压，在透视图中调整其加压的厚度，如图3-3-20所示。

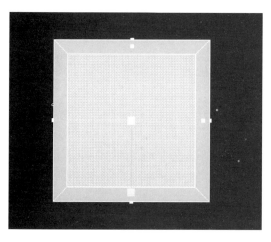
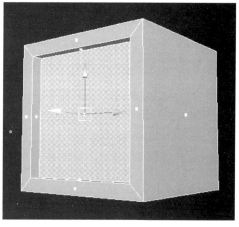

图3-3-20

最后通过复制将这个建筑构建摆放在如图3-3-21所示的位置上。

图3-3-21

（18）再创建一个多边形的方体，通过缩放调整其大小成为这个塔楼的基座。由于这个基座的结构比较多，而且是左右对称的，所以先从物体的中心位置上平均分割多边形物体，删除其一半的面，然后选择剩下的物体，再选择Edit菜单里的Duplicate Special对话框，在弹出的对话框中选择Geometry type(复制类型)里的Instance（关联复制）。这样复制出来的物体，两个物体之间的元素都是关联的，改动其中一个物体的元素（如点、边、面），另一个也会跟着一起变动，如图3-3-22、3-3-23所示。

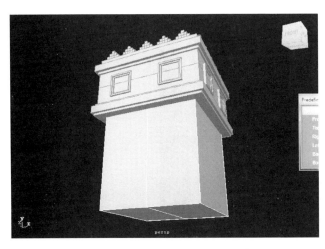

图3-3-22

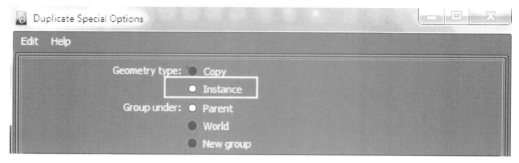

图3-3-23

将新复制出来的物体的轴心轴捕捉到物体的边缘部分。注意看好镜像的方向，如想让这个物体镜像到对面，那就应该是x轴，操作者需要在通道栏里更改S c a l e X （缩放的x轴）里的属性（图

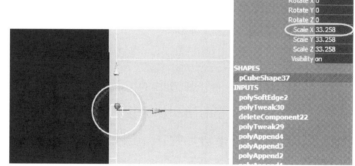

图3-3-24

3-3-24右侧标识处），在数值前面加一个负号，然后按回车，这样这个物体就会复制出来。

（19）给物体添加结构线，创建塔楼的柱子和上面的细节，如图3-3-25所示。

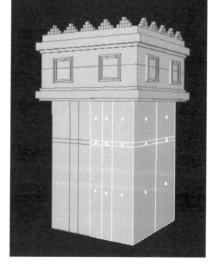

图3 3-25

（20）挤压出其厚度，如图3-3-26所示。

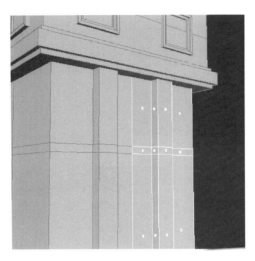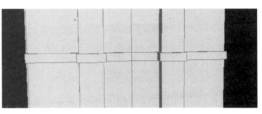

图3-3-26

（21）继续分割多边形，并挤压面，做出墙体的细节。挤压的时候需要分层挤压，如果挤压的模型的面出现扭曲的现象，需要自己手动去调节，如图3-3-27所示。

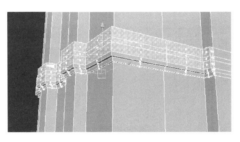

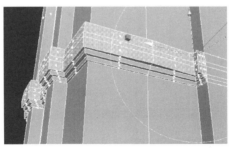

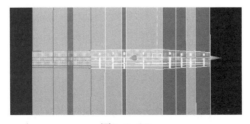

图3-3-27

（22）删除中间公共的面，如图3-3-28所示。

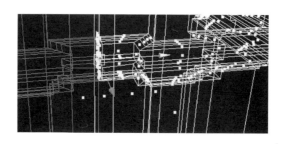

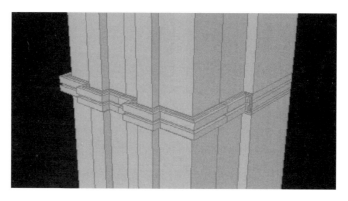

图3-3-28

（23）最后将这两个物体合并成为一个物体，最终制作效果如图3-3-29所示。

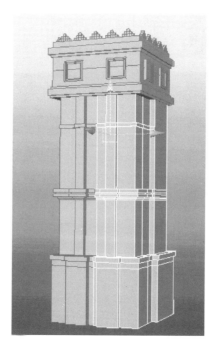

图3-3-29

二、城门的制作

（1）新创建出一个多边形方体。通过改变物体轴心轴的位置，将物体捕捉到塔楼的边上，如图3-3-30所示。

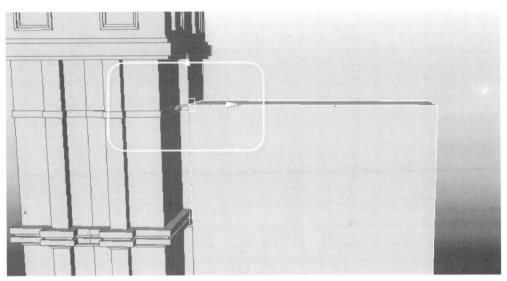

图3-3-30

（2）通过环切多边形命令将这个方体从中间平均分割，如图3-3-31所示。

图3-3-31

（3）镜像复制塔楼，选择塔楼的所有物体，通过Ctrl+G将所有的物体合并成组。将塔楼的轴心轴捕捉到新建方体的中间线位置，然后镜像复制，如图3-3-32所示。

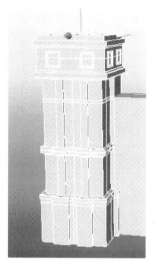

图3-3-32

（4）下面需要将门洞制作出来，这一步要使用多边形的布尔运算。

首先创建一个多边形的圆柱体，将其调整到合适的位置与大小，如图3-3-33所示。

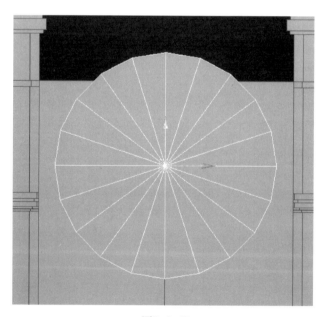

图3-3-33

此圆柱体的片段数比较低，操作者需要增加它的片段数。点击视图右边的通道栏，展开 INPUTS(物体的输入节点属性)里的 poly Cylinder1，增加 Subdivisions Axis(轴片段数)到 40,这样圆柱体就比较圆了,如图 3-3-34 所示。

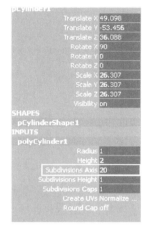

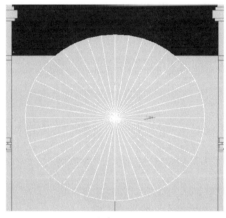

图3-3-34

选择粗线之下的点，通过循环工具对其以垂直它的方向进行缩放挤压，使它变成一条直线，如图3-3-35所示。

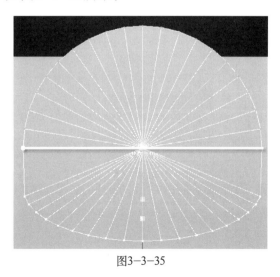

图3-3-35

做好之后，将多余的边、点删除，并把物体摆放到合适的位置。这样，布尔运算的物体就做好了。但是，需要先复制出来一个用以在后面的操作中做门框，如图3-3-36所示。

图3-3-36

先选择墙面，再选择这个布尔运算的物体，执行Mesh菜单Booleans中的Difference ，如图3-3-37所示。

图3-3-37

（5）将门口接着分割，删除一半，镜像复制另一半，如图3-3-38所示。

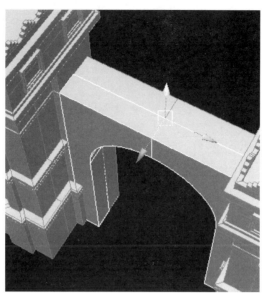

图3-3-38

（6）通过分割、挤压、拖拽，制作出门上的墙体，如图3-3-39所示。

图3-3-39

（7）复制墙垛，摆放到上面，如图3-3-40所示。

图3-3-40

（8）将前面留下来的布尔运算的物体复制出来一个，并更改它的厚度和大小，然后对它进行布尔运算的差集命令，如图3-3-41所示。

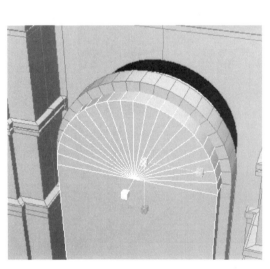
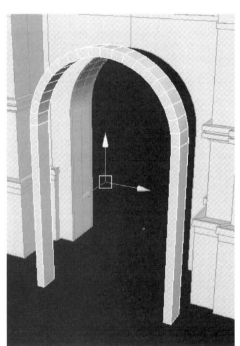

图3-3-41

（9）整体效果如图3-3-42所示。

size: 640 x 480 zoom: 1.000 (mental ray)
Frame: 1 Render Time: 0:20 Camera: persp

图3-3-42

三、城墙的制作

（1）下面开始制作门口边缘的立柱。首先创建一个多边形的方体，通过挤压将其制作成如图3-3-43所示的样子。

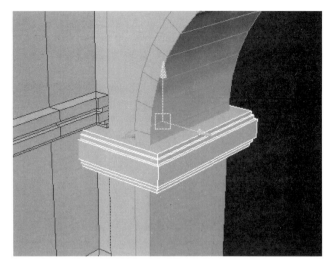

图3-3-43

（2）再创建方体，复制、摆放并调整其形状，选择外侧的两个边，然后执行Edit Mesh菜单里的Bevel命令将这两个边角处理得圆滑一些，如图3-3-44所示。

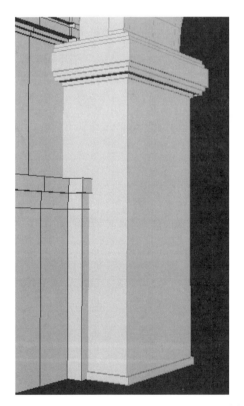

图3-3-44

调整视图右边通道栏里的INPUTS输入节点中的Offsets（调整倒角的大小）、Segments（倒角的片段数），如图3-3-45所示。

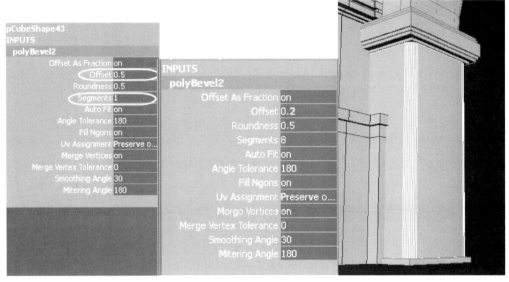

图3-3-45

（3）对该方体进行分割、挤压做出其中的装饰，如图3-3-46所示。

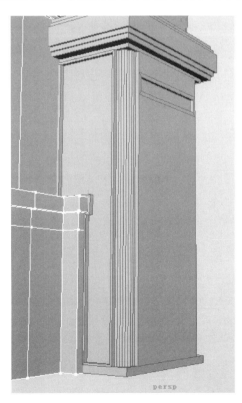

图3-3-46

（4）选择这个柱子的所有物体，将它们合并成组。然后将这个组的轴心轴捕捉到门的正中间，再镜像复制，如图3-3-47所示。

图3-3-47

（5）继续创建墙体，在创建的时候一定要使用捕捉点的快捷键，将物体进行捕捉，如图3-3-48所示。

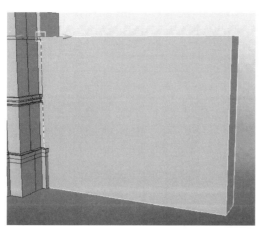
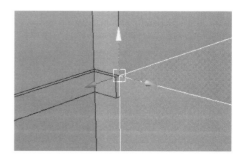

图3-3-48

（6）环切多边形物体，通过挤压做出墙的细节，如图3-3-49所示。

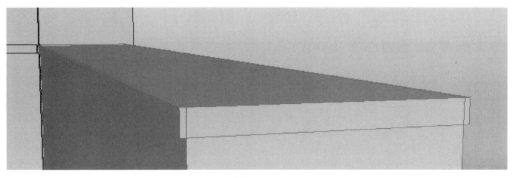

图3-3-49

（7）添加墙头，如图3-3-50所示。

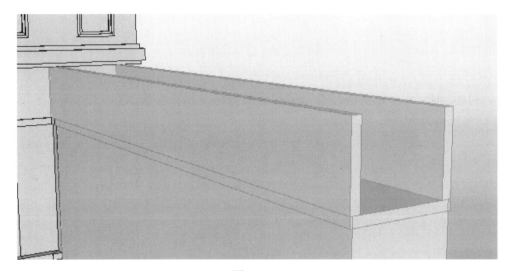

图3-3-50

（8）分割墙头，这样做墙垛的时候好均匀地捕捉在这个墙头上。分割好后复制墙垛然后捕捉，如图3-3-51所示。

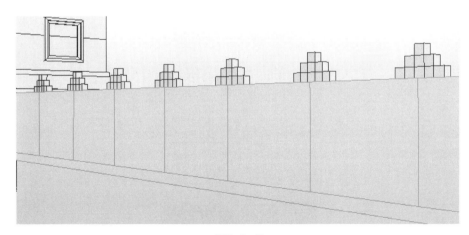

图3-3-51

（9）增加墙头侧面的细节，如图3-3-52所示。

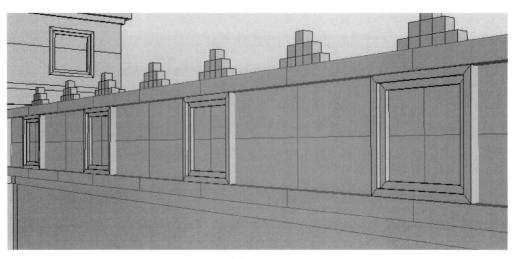

图3-3-52

（10）创建多边形方体，通过编辑、捕捉将其制作成如图3-3-53所示的形状，用来做墙体的柱子。

图3-3-53

（11）通过分割、挤压，做出柱子的细节，如图3-3-54所示。

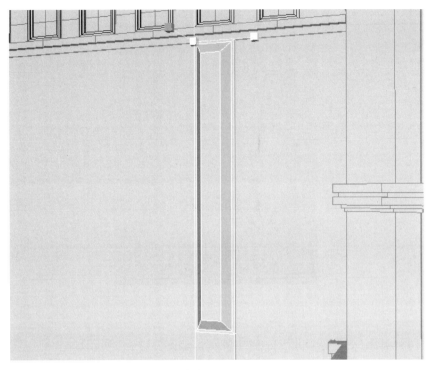

图3-3-54

（12）在柱子上分割出四个片段，用来挤压。这个时候挤压多个面，注意四个面是分开挤压的，所以操作者在选择完面之后，需要先将Keep Face Together 这个共面选项去掉，然后再挤压，如图3-3-55所示。

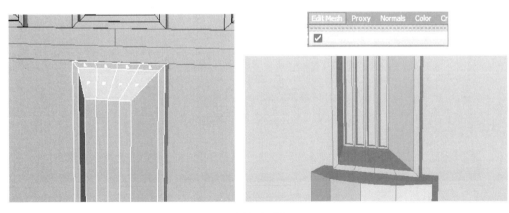

图3-3-55

（13）柱子的底部加压效果如图3-3-56所示，让其稍微有些弧度。

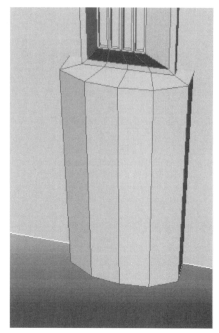

图3-3-56

（14）对墙体的根部进行分割并挤压，如图3-3-57所示。

图3-3-57

（15）分别将每个单元合并成组，比如城墙一个组、塔楼一个组，如图3-3-58所示。

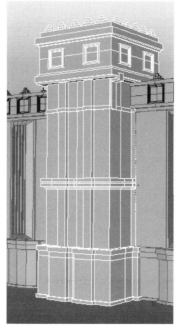

图3-3-58

（16）通过复制捕捉，这样操作者就把整个城墙做出来了，如图3-3-59、3-3-60所示。

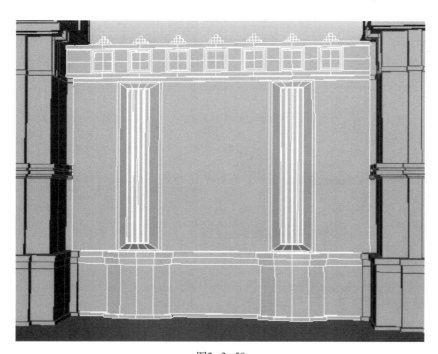

图3-3-59

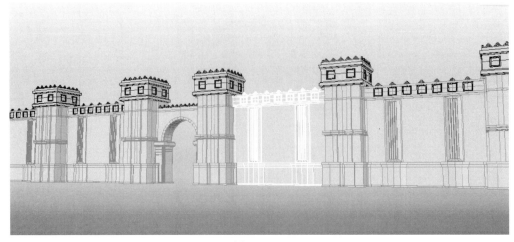

图3-3-60

（17）由于现在做的物体比较多，操作起来容易卡，所以操作者可以先将已经创建的城墙放在层里隐藏或以网格方式显示。首先操作者需要先创建一个层。选择视图右边通道栏下边的层编辑器，然后选择如图3-3-61所示的按钮（新创建一个层）。选择场景里所有的物体，然后在这个层上面点击右键，选择Add Selected Objects（将所选择的物体放在这个层中），如图3-3-61所示。

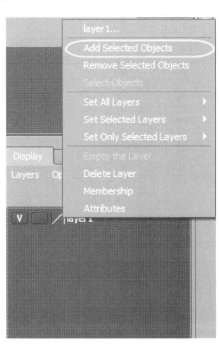

图3-3-61

这样，当操作者把V字去掉后，就可以取消物体的显示，当把第二个格改成T的时候就以线框的方式显示，改成R的时候物体以实体方式显示，但不能被选中，如图3-3-62所示。

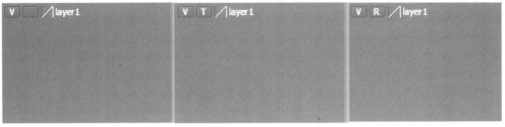

图3-3-62

四、入口长廊的制作

（1）首先制作长廊边上的圆柱。选择Creat菜单里的Polygon Primitives中的Cylinder，创建一个圆柱体，如图3-3-63所示。

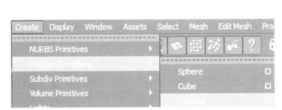

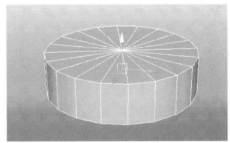

图3-3-63

由于这个圆柱体的片段数太多，为了节省系统的资源，操作者可以将其片段数改低一些。例如将其片段数改成12，并且将截面上的线删除,这样方便后边的挤压，如图3-3-64所示。

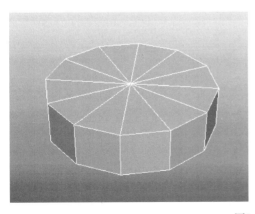

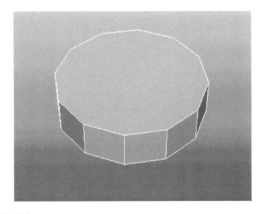

图3-3-64

（2）通过挤压并调整点，可以将柱子的底座挤压出来，如图3-3-65所示。

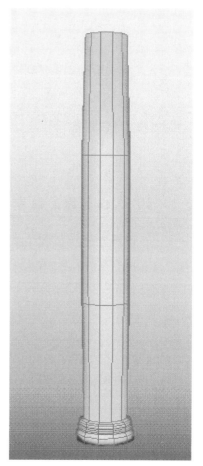

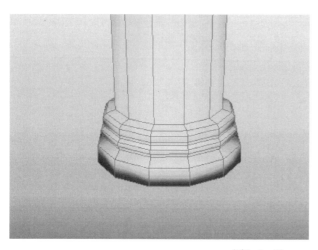

图3-3-65

（3）通过Edit Mesh菜单里的Duplicate Face命令将所选中的底座的面复制下来，并将其放在上方，然后将其合并、缝合，如图3-3-66所示。

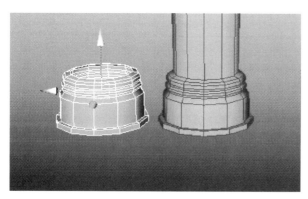

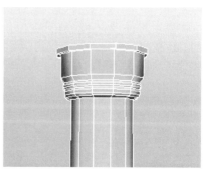

图3-3-66

选择柱顶的各侧面，对其分开挤压，做出基本造型，如图3-3-67所示。

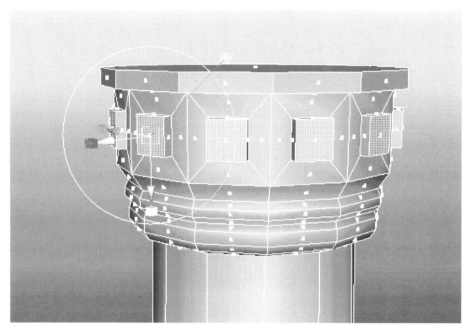

图3-3-67

复制出多出多个柱体，如图3-3-68所示。

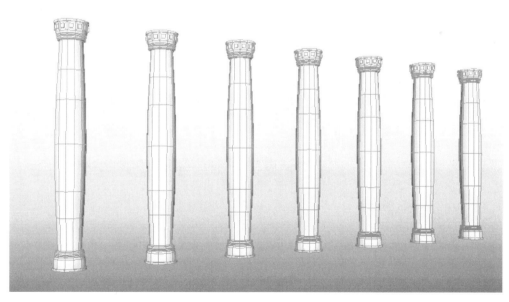

图3-3-68

（4）下面创建一个多边形方体，通过挤压，将其作为基座，如图3-3-69所示。

图3-3-69

（5）创建多边形方体，通过挤压、缩放、再挤压做出长廊上面部分的细节，如图3-3-70所示。

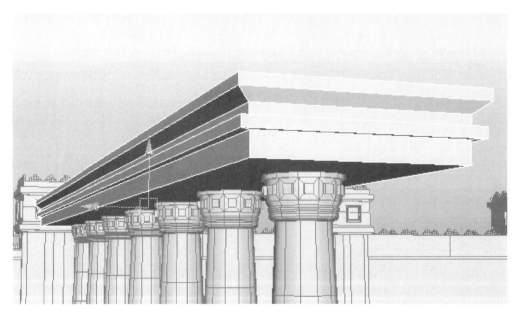

图3-3-70

（6）最终效果如图3-3-71所示。

图3-3-71

五、祭祀塔的制作

（1）首先创建一个多边形的方体，并将物体摆放到合适的位置，如图3-3-72所示。

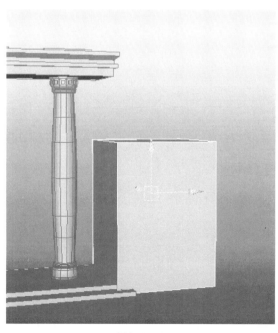

图3-3-72

（2）通过挤压与调节点做出这个小祭祀塔的大体形状。在挤压的时候注意时刻放大视图，从整体上看结构是不是合适，如图3-3-73所示。

图3-3-73

（3）选择塔顶上的四个面，对其进行挤压。在挤压的时候如果遇到挤压的面不一致的话，操作者可以选择单个面进行挤压，如图3-3-74所示。

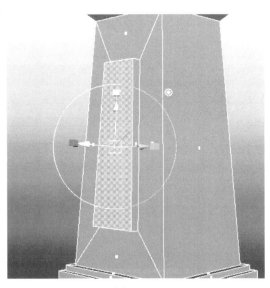

图3-3-74

（4）选择这部分的面，确定保持共面，通过Mesh菜单里的Extract命令将所选择的面提取下来，使这些面与原有的物体分开，如图3-3-75所示。

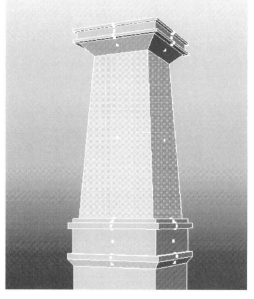

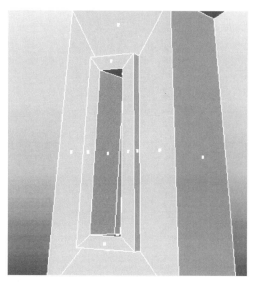

图3-3-75

（5）将剩下的面删除，选择提取下来的面，复制，然后旋转90度，再捕捉，将整个物体完成，如图3-3-76所示。

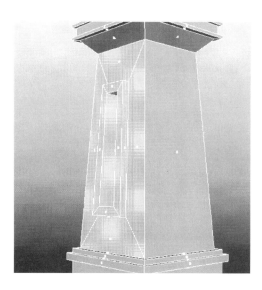

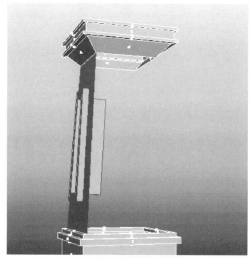

图3-3-76

（6）选择所有复制出来的物体，合并，再进入到点的元素级别，选择所有的点，缝合，如图3-3-77所示。

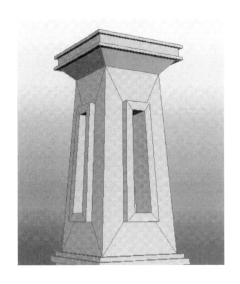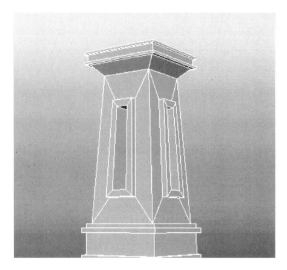

图3-3-77

（7）选择长廊中所有的物体，通过Ctrl+G将所选的物体合并成组。然后执行轴心点居中命令，使物体的轴心轴处于物体重心位置上，如图3-3-78所示。

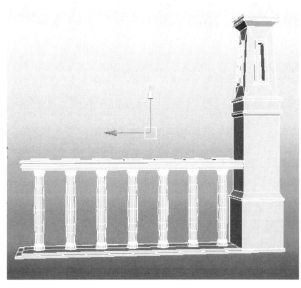

图3-3-78

（8）将长廊组的轴心点通过点的捕捉的快捷键捕捉到门口的中心位置上。然后通过Ctrl+D的复制快捷键，复制出一个新的物体。再在通道栏的Scale X属性上输入负值，使复制出来的物体与原物体镜像关联，如图3-3-79所示。

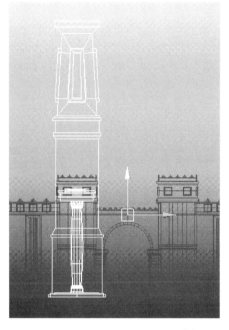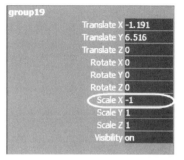

图3-3-79

（9）最终效果如图3-3-80所示。

图3-3-80

六、祭祀偏殿的制作（1）

（1）创建偏殿的地基，注意偏殿地基的细节，如图3-3-81所示。

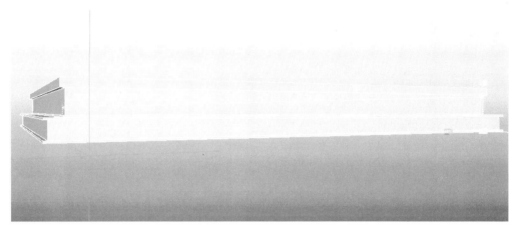

图3-3-81

（2）将地基分割成如图3-3-82所示的样子，方便后边台阶的制作。

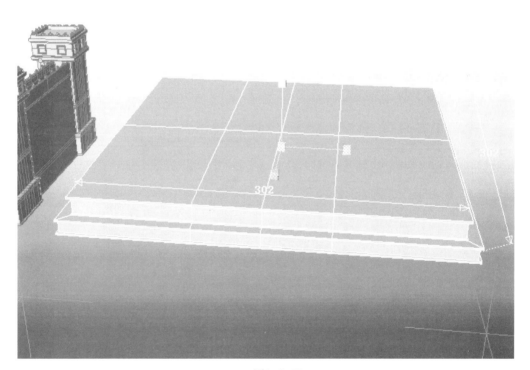

图3-3-82

（3）再继续分割线，以方便后面台阶的制作，如图3-3-83所示。

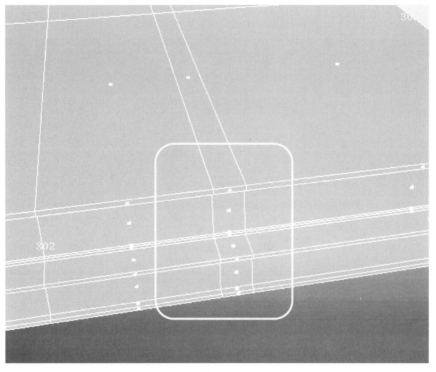

图3-3-83

（4）挤压、调整形状，如图3-3-84所示。

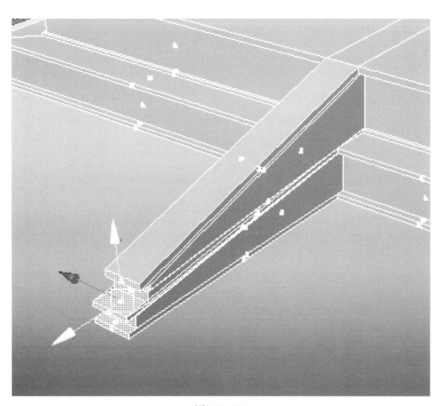

图3-3-84

（5）再挤压、拖拽，如图3-3-85所示。

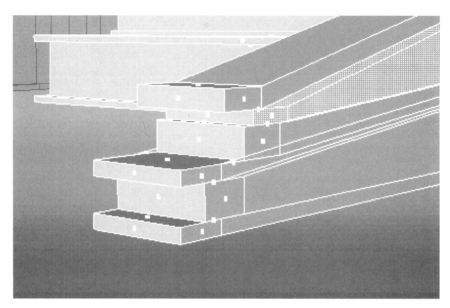

图3-3-85

（6）删除并调整整体截面的边，如图3-3-86所示。

图3-3-86

（7）先对地面进行分割，然后将分割的线一一与上面的结构对齐，如图3-3-87所示。

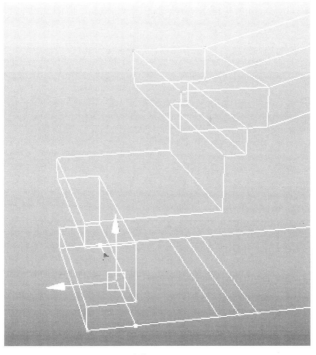

图3-3-87

（8）使用分割多边形工具，将它们的结构线连接在一起，如图3-3-88所示。

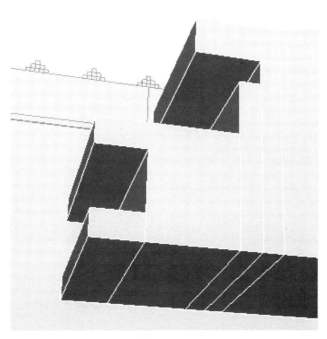

图3-3-88

（9）通过环切多边形工具和捕捉点的快捷键，将其结构线进行分割，如图3-3-89所示。

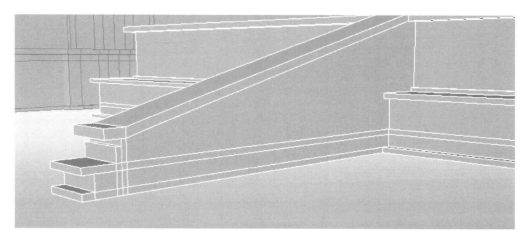

图3-3-89

（10）选择对应的面，向内挤压，然后删除多余的面，如图3-3-90所示。

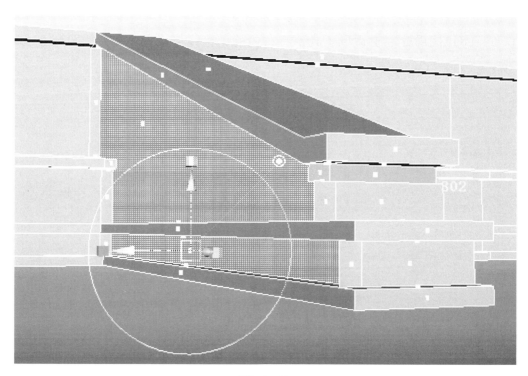

图3-3-90

（11）通过删除面、分割多边形的面、扩展多边形的面这三个命令将模型修饰成如图3-3-91所示的样子。

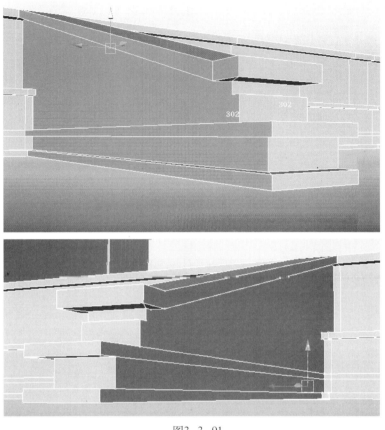

图3-3-91

（12）将台阶部分的面删除，如图3-3-92所示。

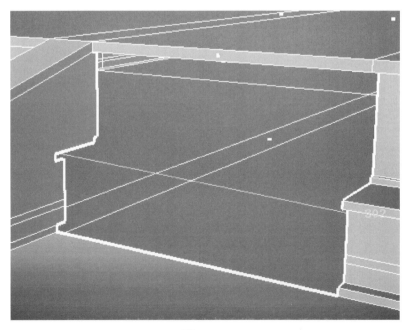

图3-3-92

（13）将面修饰成如图3-3-93所示的样子。

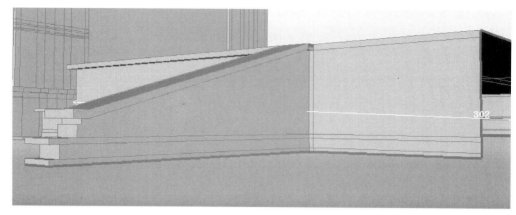

图3-3-93

（14）镜像复制地基，将两个地基合成一个物体，如图3-3-94所示。

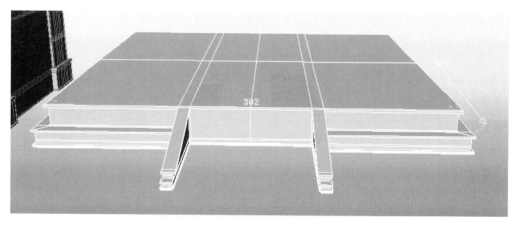

图3-3-94

（15）下面开始台阶的制作。创建一个多边形的方体，将其形状缩小后摆放到合适的位置，并将其轴心通过捕捉点的快捷键捕捉到如图3-3-95所示的位置。

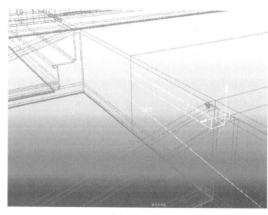

图3-3-95

（16）先利用Ctrl+D复制出来一个台阶，并使用捕捉点的命令将台阶捕捉到合适的位置。然后使用Shift+D进行快捷变换复制，将整个台阶复制出来，如图3-3-96所示。

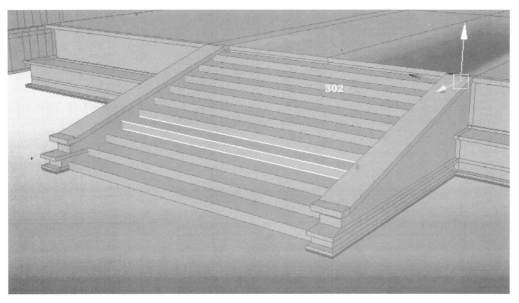

图3-3-96

（17）底座做完后，下面开始做偏殿。首先创建一个多边形的方体，通过捕捉点，将方体捕捉到地基上。然后缩放到合适的大小，并将最上面的点缩小一些，如图3-3-97所示。

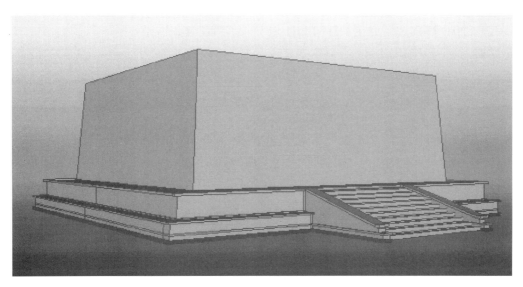

图3-3-97

（18）通过挤压，做出细节的造型，如图3-3-98所示。

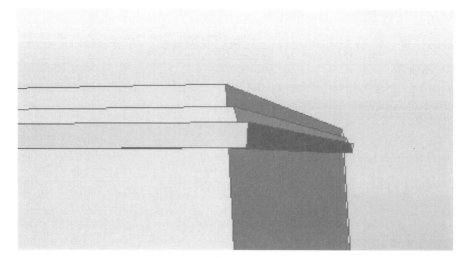

图3-3-98

（19）继续向上挤压造型，如图3-3-99所示。

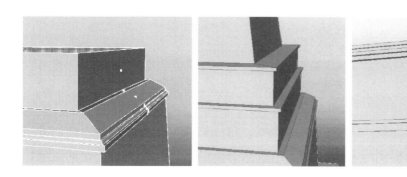

图3-3-99

（20）整体效果如图3-3-100所示。

图3-3-100

（21）下面开始制作偏殿的细节，例如窗户和门。这里主要是布尔运算的相关制作。首先创建一个方体，将方体放在门的位置上，这个方体是用来在下一步切出门的。在进行布尔运算之前操作者需要将这个方体复制出来一个，用来做其他的用处。进行布尔运算的时候，先选择偏殿的模型，再选择方体，然后执行Mesh菜单中Booleans里的Difference，如图3-3-101所示。

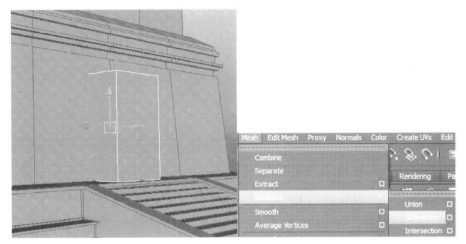

图3-3-101

最后将门挖出如图3-3-102所示的形状。

图3-3-102

（22）通过布尔运算，将门框做出来，并摆放到合适的位置，如图3-3-103所示。

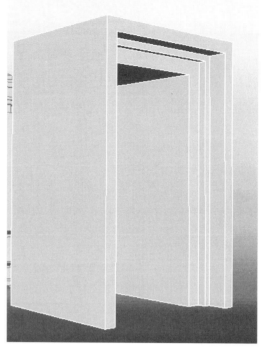

图3-3-103

（23）剩下其他两个门的做法与上面一样，最终效果如图3-3-104所示。

图3-3-104

（24）为简化制作，我们以前述图3-3-20的建筑构建作为窗户框。将窗户框的前后两个面挤压并删除面，然后将镂空的面补上。使用Edit Mesh菜单中的

Append to Polygon Tool，这个命令可用来进行补洞。执行完这个命令之后，先选择其中一个边，再选择对应的一个边，然后按回车键，完成补面，如图3-3-105所示。

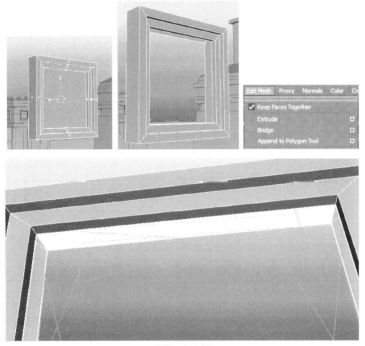

图3-3-105

（25）将四个框摆放到合适的位置上，如图3-3-106所示。

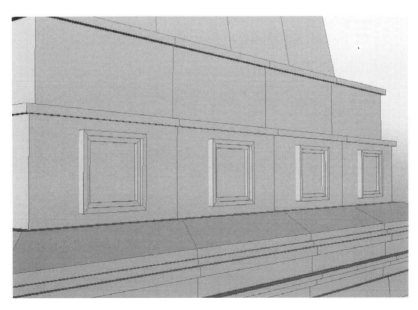

图3-3-106

（26）选择其中一个底面，挤压，通过捕捉点将其缩放到与新做好的框内圈一样大小。其他三个的做法一样，如图3-3-107所示。

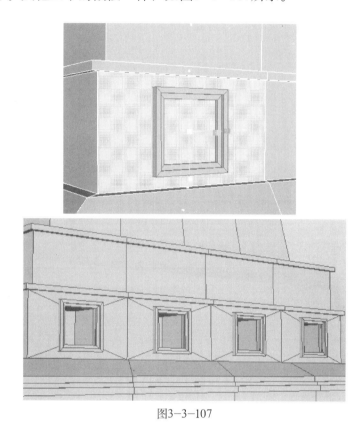

图3-3-107

（27）同样使用上面的做法，将偏殿上一层的窗户做出来，如图3-3-108所示。

图3-3-108

（28）将顶面的这部分单独提取下来，选择Mesh菜单里的Extract命令，如图3-3-109所示。

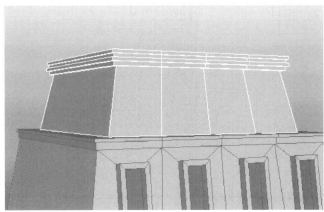

图3-3-109

（29）将第一个面再分割成四份，如图3-3-110所示。

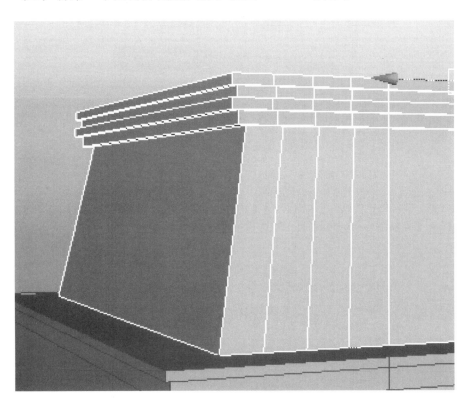

图3-3-110

（30）加压这四个面，如图3-3-111所示。

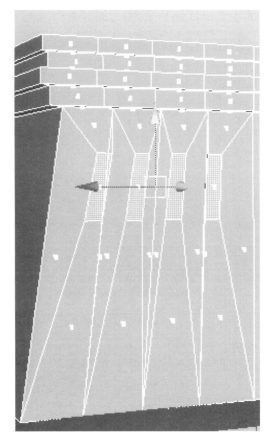

图3-3-111

（31）通过捕捉点，将点调节成如图3-3-112所示的形状。

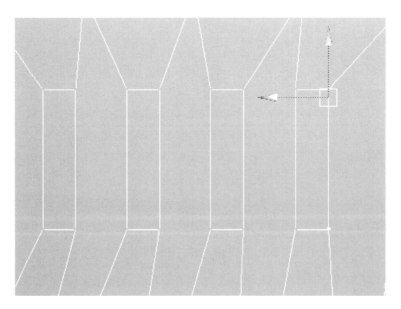

图3-3-112

（32）选择这四个面，挤压，并调节最上面的点向内移动，做出如图
3-3-113（左图）所示的造型。将多余边上的面删除，并将这些点缝合，如图
3-3-113（右图）所示。

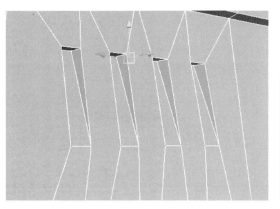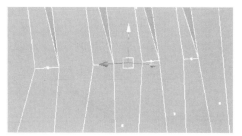

图3-3-113

（33）调整其布线的结构，如图3-3-114所示。

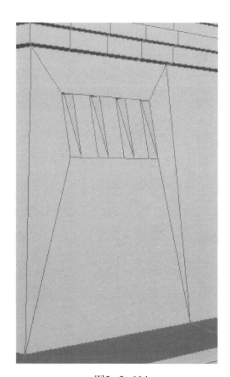

图3-3-114

（34）将做好的这个单元造型复制下来，填充到其他三个面，如图
3-3-115所示。

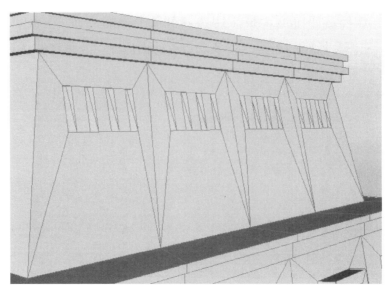

图3-3-115

（35）我们已经做好其中一面从上到下的偏殿整体造型，剩下三面只需要复制就可以了。首先将其他三个大的侧面删除，如图3-3-116所示。

图3-3-116

（36）选择从上到下的整体单元，复制，并将轴心轴捕捉到偏殿的中心位置，然后旋转，再复制，如图3-3-117所示。

图3-3-117

（37）最终效果如图3-3-118所示。

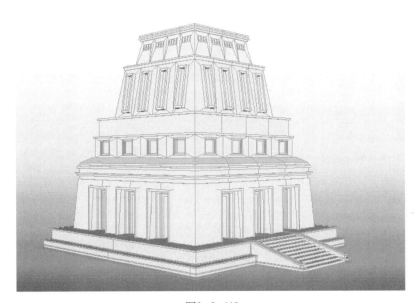

图3-3-118

七、祭祀偏殿的制作（2）

（1）通过方体的挤压、缩放，做出带有台阶的地基，如图3-3-119所示。

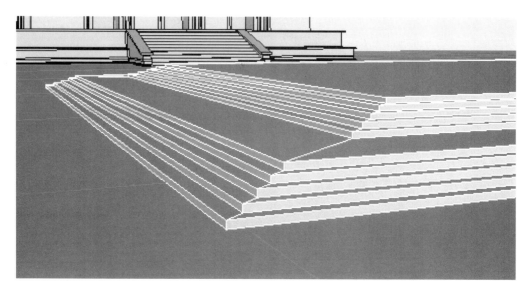

图3-3-119

（2）通过挤压、拖拽，做出地基上的栏杆，如图3-3-120所示。

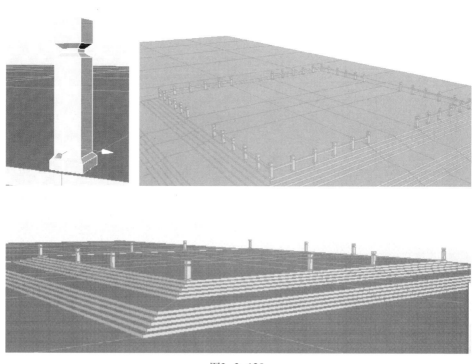

图3-3-120

（3）将柱子复制下来，摆放到合适的位置，调整比例关系，然后复制一圈，如图3-3-121所示。

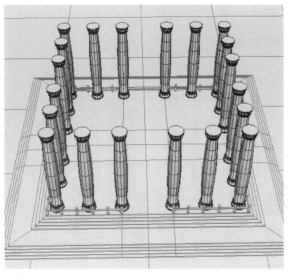

图3-3-121

（4）创建一个多边形的方体，通过挤压命令将偏殿的二层做出来，如图3-3-122所示。

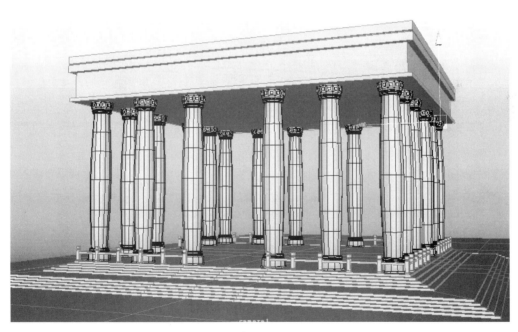

图3-3-122

（5）复制出来一个框形，调整它的大小，然后再复制一圈，如图3-3-123所示。

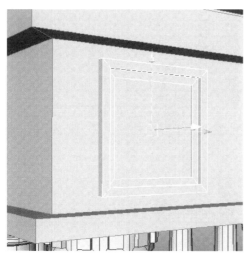

图3-3-123

（6）将建好的第一层复制出来，并修改大小和位置，使其成为第二层，如图3-3-124所示。

图3-3-124

（7）将二层通过挤压、删除面、补面，做出中间镂空的地方。

（8）下面开始做偏殿的内部。由于外部柱子的模型挡住了操作者的视线，所以首先需要新创建一个层，将外边的模型放在这个层里，取消显示，如图3-3-125所示。

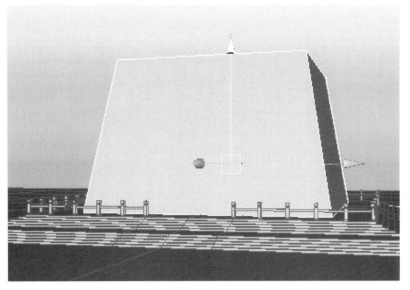

图3-3-125

（9）这个偏殿的制作方法和前述偏殿的做法是一样的。首先平均分割，将布线分割成如图3-3-126所示的样子。

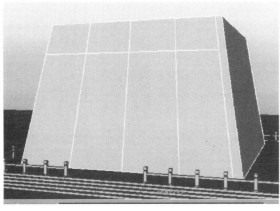

图3-3-126

（10）删除模型的一半，另一半进行关联镜像复制，如图3-3-127所示。

图3-3-127

（11）选择这些面，对其进行挤压，如图3-3-128所示。

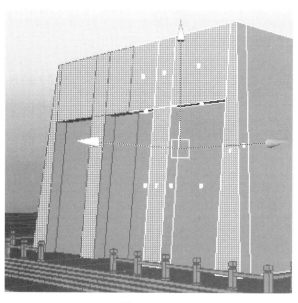

图3-3-128

图3-3-129

（12）选择右边的门，单独对这个门进行挤压，做出细节，如图3-3-129所示。

（13）将模型底部所有的面整体删除，如图3-3-130所示。

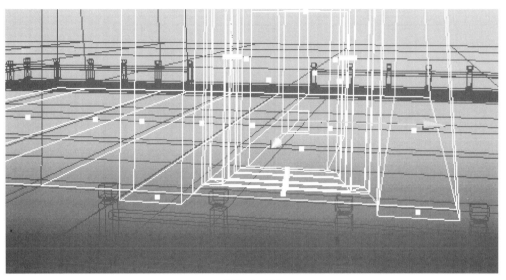

图3-3-130

（14）从侧面看，将底下所有的点通过缩放工具挤压成一条直线，如图
3-3-131所示。

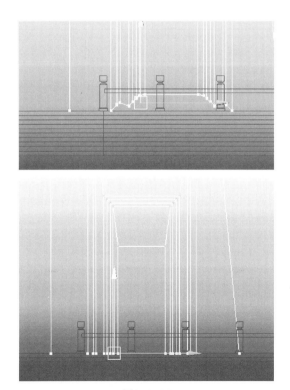

图3-3-131

（15）用同样的方法，将中间的门的细节也做出来，如图3-3-132所示。

图3-3-132

（16）将所选的面提取下来，如图3-3-133所示。

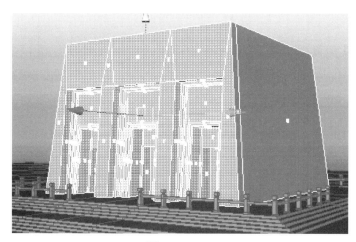

图3-3-133

（17）其他三面旋转复制出来就可以了。最后选择所有复制出来的面，合并、缝合点，最终效果如图3-3-134所示。

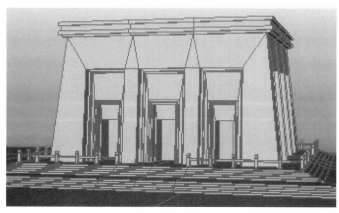

图3-3-134

（18）二层的模型是用一层的模型复制出来的。调整其大小，最终效果如图3-3-135所示。

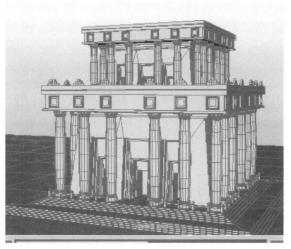

图3-3-135

八、主殿的制作

（1）至此，大部分的模型都已经制作完成了，只需要摆放到合适的位置即可，关键就是构图与比例关系要把握清楚。下面开始大殿的制作，大殿的模型可以使用前面制作的模型，主要制作部分就是基座和楼梯，并增加基座的细节，如图3-3-136所示。

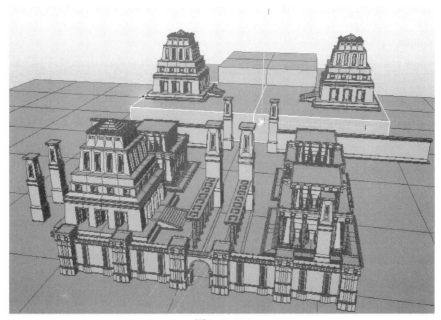

图3-3-136

下图为摄影机的摆放位置。

图3-3-137

（2）创建大殿的台阶。首先将物体的一半删除，然后关联镜像物体。选择要创建台阶的一个边，进行挤压。挤压的时候可以通过视图右边通道栏里的输入节点的参数来控制挤压的距离。当选择完挤压命令之后，在视图右边通道栏里的输入节点中找到Translate Y，输入-1，这样物体就会沿着Y轴向下挤压1个单位。然后再继续挤压，在Translate Z属性里输入3，物体就会沿着Z轴向前挤压3个单位，如图3-3-138所示。

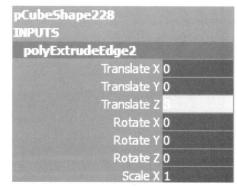

图3-3-138

反复挤压，最终做成台阶，如图3-3-139所示。

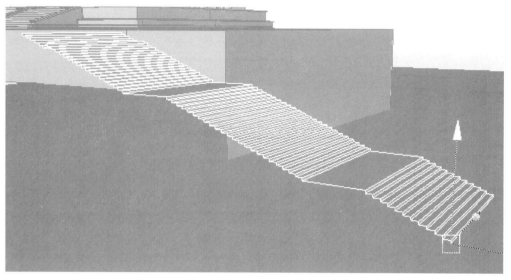

图3-3-139

（3）通过挤压与捕捉，将一个多边形的方体修改成台阶的扶手，如图3-3-140所示。

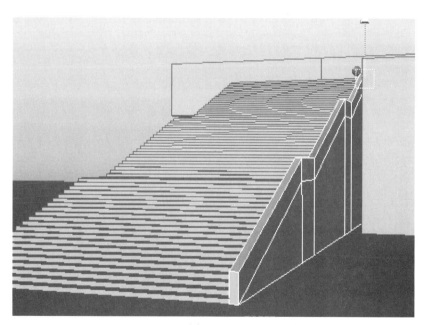

图3-3-140

（4）增加大殿地基的细节。通过挤压，做出其边的倒角，如图3-3-141所示。

153

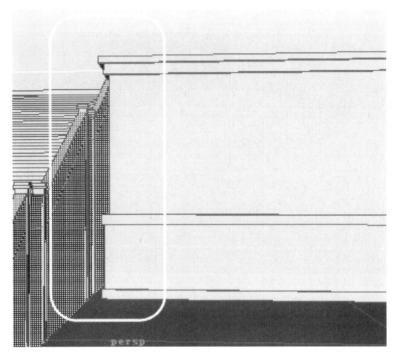

图3-3-141

（5）制作地基上面塔楼的基座，主要是通过挤压完成的，如图3-3-142
所示。

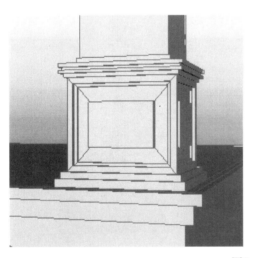 

图3-3-142

（6）镜像复制，最终效果如图3-3-143所示。

图3-3-143

（7）第二层台阶的制作方法与第一层是一样的，在这里就不详细讲解了，如图3-3-144所示。

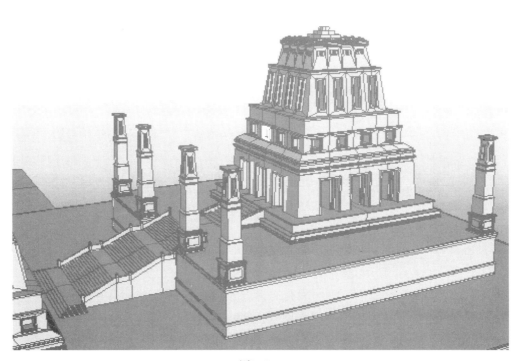

图3-3-144

（8）主殿的整体效果如图3-3-145所示。

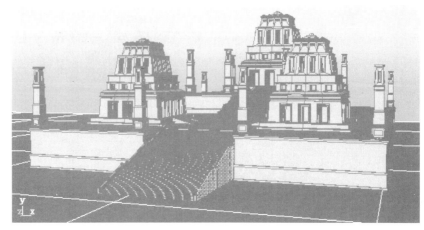

图3-3-145

（9）截至到这里，我们已经把这个场景里的所有模型全部制作完毕，简单打个灯光，大家可以看到大体效果，如图3-3-146所示。

图3-3-146

第四节　多边形角色建模基础知识

一、角色类型

在制作三维角色之前，大家还是应该有一些二维美术绘画的学习经历，

图3-4-1

经典游戏《街霸》中的角色设计

图3-4-2

写实类美国动画《最终幻想》

主要是对人体的比例、肌肉、骨骼、经脉、运动等有所了解。发展到今天，角色设计的应用已经非常广泛了，在市场类型上可分为动漫角色设计和游戏角色设计两大类；在角色种类中又可分为写实类、卡通类和幻想类；在拟人拟物上还可分为人类、动物类、怪兽类、机器类；而在地域上更有我们熟悉的欧美类、日本类、中国古典类以及其他国家的类型，可见角色设计是一个很广的领域。三维角色创作是在二维绘画的基础上进行三维再造，前期的学习跟场景一样，还是多挑选经典的动画游戏角色设计图进行创作，熟练后可以在三维软件中进行自由创作。

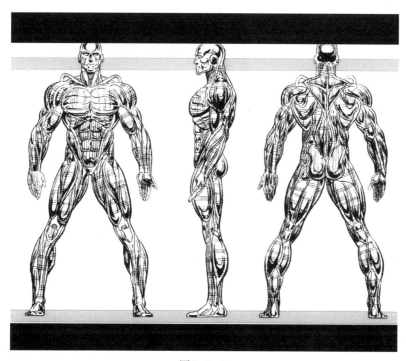

图3-4-3

美国动画片《神奇四侠》中的角色设计

图3-4-4

中国动画《大闹天宫》

二、人体比例

人类的身体比例会随着年龄的增长而变化，不同的年龄身体比例不同，人们常用头部的大小作为测量人体比例的标尺。一般成年男女性的身体比例为7-8头身，如图3-4-5所示。我们近些年在影视作品中常见的美国英雄们通常为9头身，而在日系少女类动漫作品中更习惯把人物身形画高以增加美感，因此多为9-10头身。

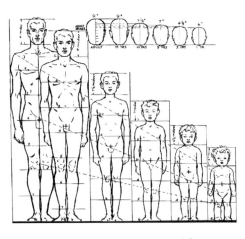
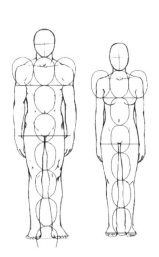

图3-4-5

人体比例图

在人类身体上有众多的黄金分割点，常见的有肚脐（头部到足底的分割点）、咽喉（头顶到肚脐的分割点）、膝关节（肚脐到足底的分割点）、肘关节（肩关节到中指间的分割点）等。

在学习角色设计的过程中头部绘画是必不可少的，所以头部的基本比例也是必须了解的，一般成年人的头部比例称为三庭五眼，如图3-4-7所示。

图3-4-6

日系漫画

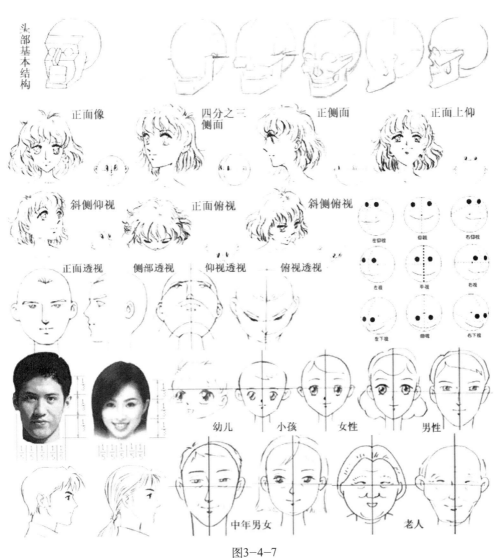

图3-4-7

头部结构图

三、骨骼和肌肉

人体骨骼与肌肉也是一门非常深奥的学科，在角色设计中是会用到相关知识的，有兴趣话大家可以找些专业医学书刊进行深入学习，如图3-4-8、3-4-9所示。

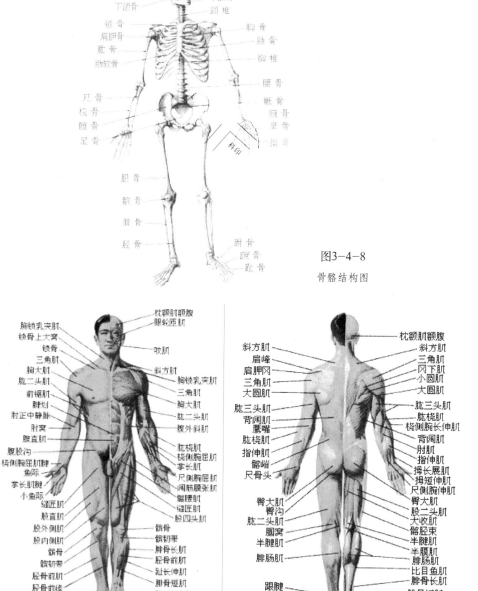

图3-4-8

骨骼结构图

图3-4-9

肌肉结构图

第五节　写实类角色建模制作实例

一、角色模型的制作流程

在进行角色模型制作前，需要了解角色模型制作的流程。首先是中精度模型的制作，这一部分主要是确定整体模型的比例关系，把握角色大的结构。布线的时候尽量采用四边面，而且要求布线均匀，为将来展UV打下基础。

然后将中精度模型导入到Zbrush中，进行模型的二次设计。这一步不要求角色的布线，主要考虑的是角色的比例关系、细节以及整体的感觉。

二、设置自定义的工具架

工具架如图3-5-1所示，Maya软件已经预先设定好了工具架，根据不同模块设定了不同类型。操作者可以根据自己所做的项目来设定适合自己需要的工具架，以便提高工作效率。

图3-5-1

那么如何创建自己的工具架呢？

首先，如图3-5-2所示，点击图上黑色的小三角，这时会弹出一个下拉菜单，选择New Shelf（新建一个工具架）。

弹出一个对话框Create New Shelf，输入新建工具架的名字，然后点击OK，如图3-5-3所示。

图3-5-2

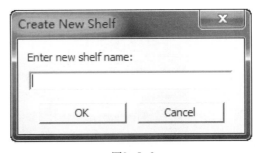

图3-5-3

例如，这是一个新建的工具架的名称 _juese_ 。

接下来，可以将操作者经常用到的命令放到这个工具架中，通过Ctrl+Shift+所要添加的命令就可以了，如图3-5-4所示。

图3-5-4

三、头部模型的制作

角色头部模型的制作分很多种，有的说这样好，有的说那样好，其实最关键的是选择适合自己的方法，只要自己做着方便、舒服就行。这里介绍的做法采取从大形入手，然后深入细节，最后再整体调整。这样做的好处是，整体结构、比例都比较好把控，适合边尝试边创作。

（1）首先新建一个Cube，先从方体开始入手，对多边形方体进行分割，如图3-5-5所示。

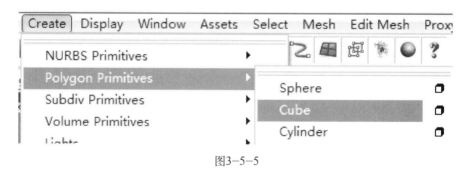

图3-5-5

分割的时候先选择长方体，然后按住鼠标的右键，进入多边形边的元素级别，如图3-5-6所示。

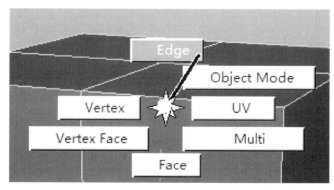

图3-5-6

选择其中一条边，然后按住键盘上的Ctrl和鼠标的右键，这个时候会弹出一个浮动菜单，这个浮动菜单用起来非常方便，我们先选择左下角的Edge Ring Utilities（环形边工具），如图3-5-7所示。

再选择To Edge Ring and Split(环切)，这个命令比较方便，而且是平均环切多边形的边，如图3-5-8所示。

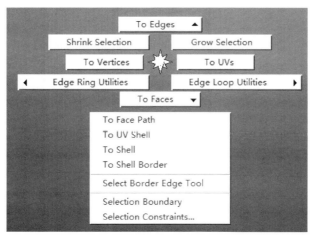

图3-5-7

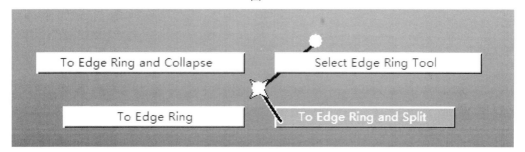

图3-5-8

（2）这样我们就将Cube平均分割3次，得到如图3-5-9所示的模型。

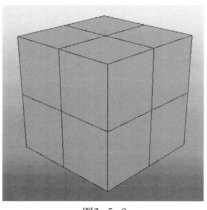

图3-5-9

（3）下面对模型进行点的调整，调整点的时候需要在正交视图（顶面图、侧视图、前视图）里进行，这样比较精确,如图3-5-10所示。

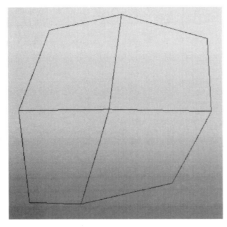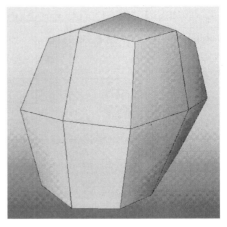

图3-5-10

在调整的时候一定要把大形调整好，涉及左右对称的地方，需要将左右两边的点选中并进行缩放，同时调整点的位置,如图3-5-11所示。

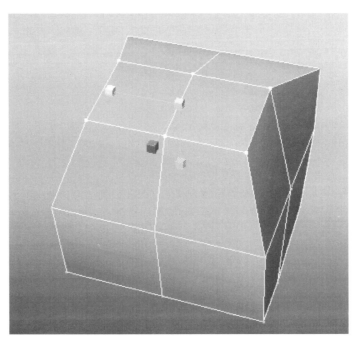

图3-5-11

（4）选择这四个面，如图3-5-12所示对四个面进行挤压，挤压出脖子的大形，并调整点，如图3-5-13所示。

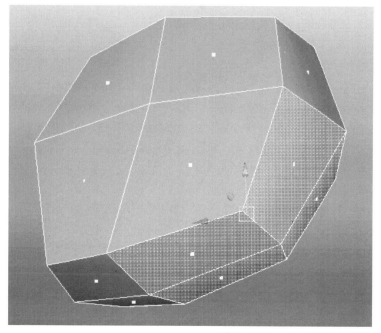

图3-5-12

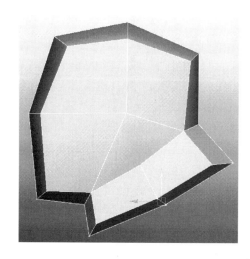
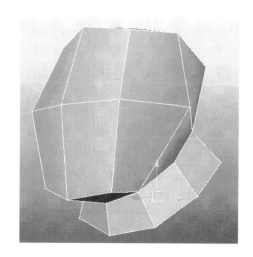

图3-5-13

（5）做到这步，操作者需要将模型删除一半，然后关联镜像复制另一半。对类似这种人物角色进行建模的时候，模型基本上都是对称的，所以操作者只需要做一半，另一半复制就可以了，如图3-5-14所示。

选择物体，按住鼠标的右键，选择物体面的元素级别。选择一半的面，删除，同时选择脖子底下的两个面，删除（将来需要从这个部位挤压出脖子的细节），如图3-5-15所示。

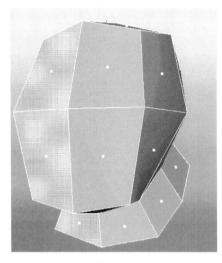 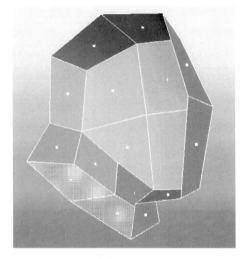

图3-5-14　　　　　　　　　　　　　图3-5-15

（6）选择物体，再选择 Edit 菜单里的 Duplicate　Special（特定复制），如图 3-5-16 示，打开这个命令的对话框，勾选这个对话框里 Geometry　type 中的 Instance（关联复制），如图 3-5-17 所示，然后选择对话框的执行按钮进行复制。

图3-5-16

图3-5-17

（7）因为镜像的轴向是X轴，所以将其缩放的X轴的数字改成负值，如图 3-5-18所示。

这样就完成了物体的镜像，更改物体左边元素的位置时，右边的元素也会同时改变，如图3-5-19所示。

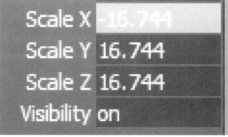

图3-5-18

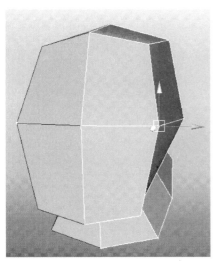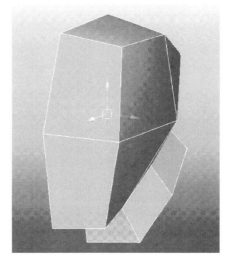

图3-5-19

（8）大家可以看到图3-5-20所标注的这条线，是整个头部的中心，同时最左边的点为鼻尖部分，所以在做的时候一定要先把握整体。

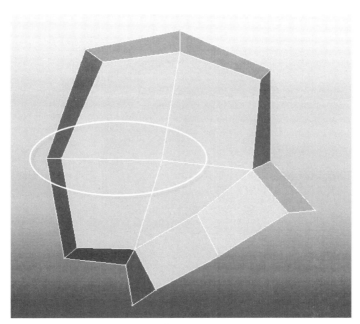

图3-5-20

（9）接下来操作者需要分割角色头部的眼睛、鼻子、嘴这几个重要部位。通过使用Edit Mesh菜单中的Split Polygon Tool，如图3-5-21所示，来对模型进行加线。通过加线调节点，最终确定好角色的口缝线、眉弓、脸部正面和侧面的分界，最终效果如图3-5-22所示，分别加了三根线。

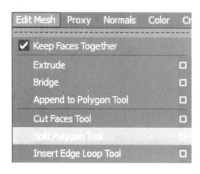

图3-5-21

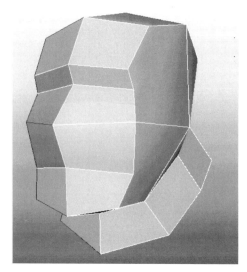

图3-5-22

（10）接下来需要对模型进行纵向的分割，确定模型鼻子、眼睛、嘴的宽度，如图3-5-23所示。

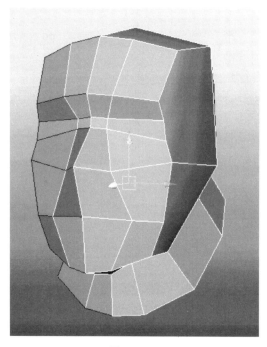

图3-5-23

（11）下面是对眼睛的制作，在分割的时候一定要注意，不要加没用的线，加完后要及时对点进行调整。选择眼睛部分的两个面，如图3-5-24所示。

执行Edit Mesh菜单中的Extrude（挤压）命令，如图3-5-25所示。

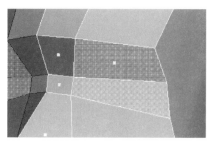

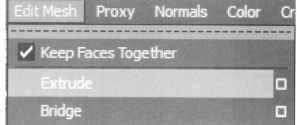

图3-5-24 图3-5-25

通过缩放工具，对所选择的面进行缩放，如图3-5-26所示。

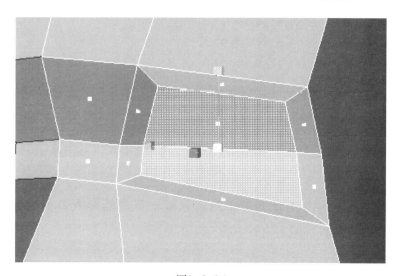

图3-5-26

调整点，调成眼睛的大概形状，如图3-5-27所示。

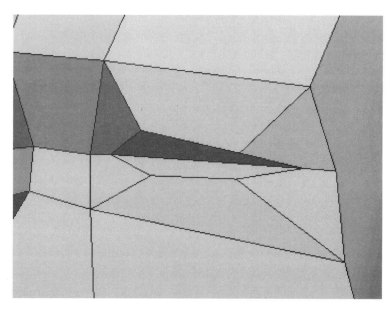

图3-5-27

继续对眼睛进行分割，并调整点，如图3-5-28所示。

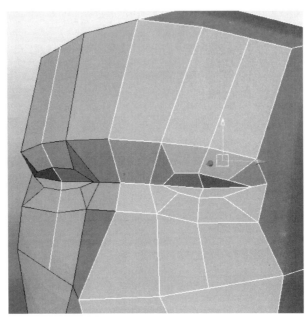

图3-5-28

（12）接下来要对角色的鼻子进行分割，首先需要在鼻尖部分增加分割线，做出鼻子的厚度，如图3-5-29所示。

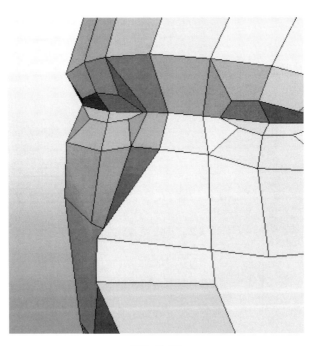

图3-5-29

再继续分割，做出角色鼻子的深度，如图3-5-30所示。

图3-5-30

由于现在鼻子的片段数比较低，所以看起来鼻子是尖的，所以操作者需要继续纵向给鼻子增加一根线。

通过使用Edit Mesh菜单中的Insert Edge Loop Tool进行加线，如图3-5-31所示。

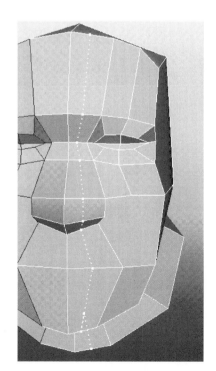

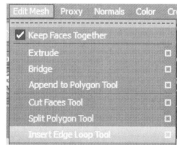

图3-5-31

最终效果如图3-5-32所示。

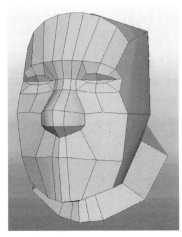

图3-5-32

（13）对嘴部增加两条分割线，调整造型。上下增加的两条线，分别确定角色嘴部的口缝线，如图3-5-33所示(脸部正、侧、透视三视图的效果)。

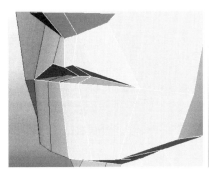 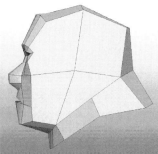 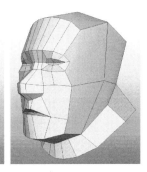

图3-5-33

（14）这样，面部的大体效果就做完了。下面需要将面部一些局部的线整理一下，将短线延长，如图3-5-34所示。

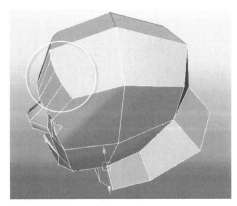

图3-5-34

首先将框选的断线延伸到脖子的根部。由于加完线之后，头部的线变得比较多，因此在做的时候一定要细心调整线的分布，同时注意结构的调整，如图3-5-35所示。

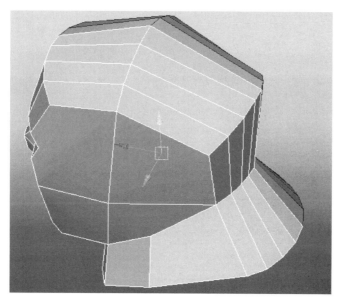

图3-5-35

接下来增加眼角的布线到脑后，如图3-5-36、3-5-37所示。

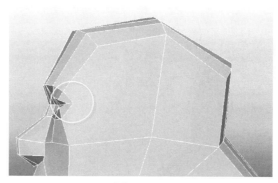

图3-5-36

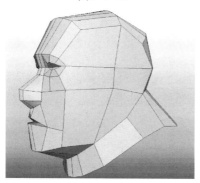

图3-5-37

继续加线，延伸嘴角部分的线，如图3-5-38所示。

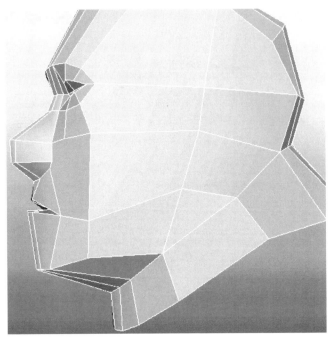

图3-5-38

调整所选择的线，修改部分布线结构，如图3-5-39所示。

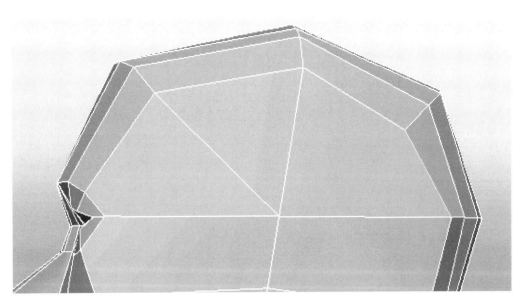

图3-5-39

将所选择的线删除，重新布线，如图3-5-40、3-5-41所示。

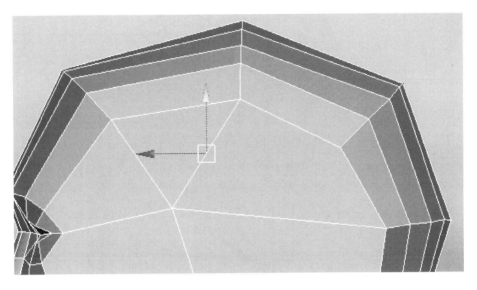

图3-5-40

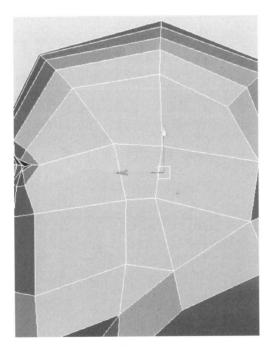

图3-5-41

给脖子部分增加一圈分割线，如图3-5-42所示。

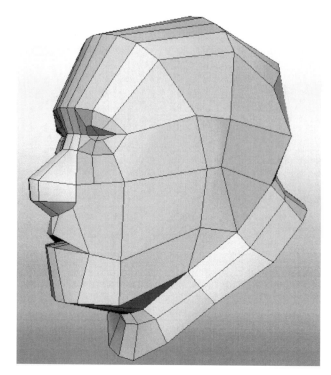

图3-5-42

（15）继续细分模型，如图3-5-43、3-5-44所示。

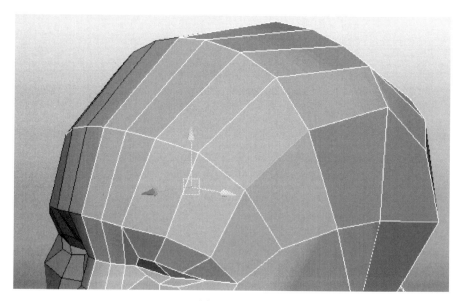

图3-5-43

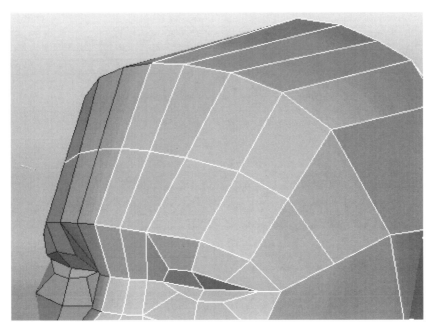

图3-5-44

（16）接着细分角色的眼睛，在布线的时候时刻考虑角色眼轮匝肌的布线
方法。可以增加一圈布线，以调整角色眼睛的形状，如图3-5-45所示。

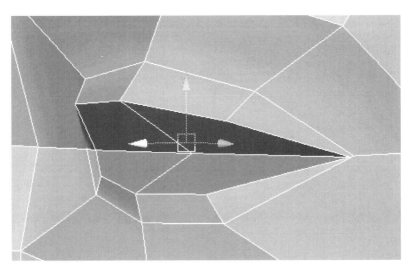

图3-5-45

（17）在细分的时候不要被局部的细节牵扯精力。应从整体效果、结构
入手，考虑布线少一些，主要是大的形体。接着是下巴的加线，如图3-5-46
所示。

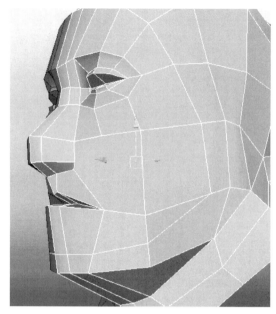

图3-5-46

这一圈布线很关键，它将下巴的线的走势与额头的线连接在一起，确定了角色脸部的边缘结构造型，如图3-5-47所示。

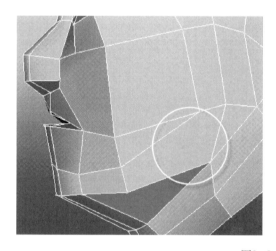
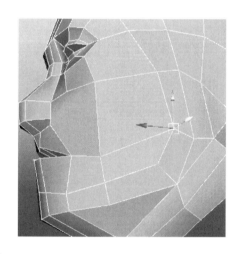

图3-5-47

图中加圈的地方是一个多边面。在建模的过程中，所有的模型都尽量为四边面，这样把模型导入到Zbrush中也比较好编辑，不会出现错误。布线的合理对于动画的设置有很大的帮助。我们在图3-5-47加圈的地方增加一根布线，如右图所示。

增加口轮匝肌的最边缘线，如图3-5-48所示。

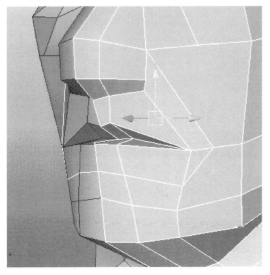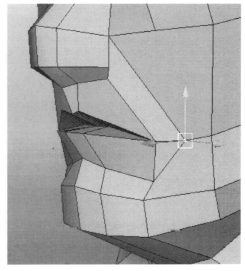

图3-5-48

（18）细化嘴的结构，继续按照嘴部口轮匝肌的布线方式分割。先加第一圈线，然后调整点，如图3-5-49所示。

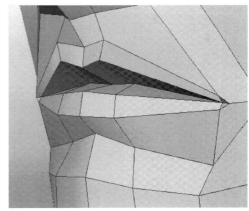

图3-5-49

再继续细化嘴部的模型，这个时候需要将里边的四个面删除，这样好对嘴角进行调整，如图3-5-50所示。

图3-5-50

嘴角的布线很特殊，注意保持嘴的布线始终都是沿着口轮匝肌的结构走的。嘴角的那个点连接着三条边，所以需要将其拆分，如图5-4-51所示。

图3-5-51

删除所选择的边，重新使用分割多边形工具对其进行分割，重新走线，使三角面变成四边面，如图3-5-52所示。

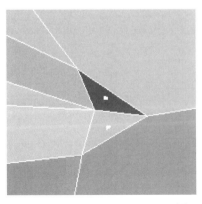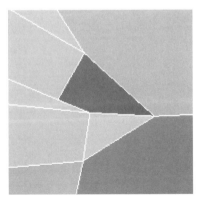

图3-5-52

下边也是一样，变成四边面后调整好嘴角的结构，如图3-5-53所示。

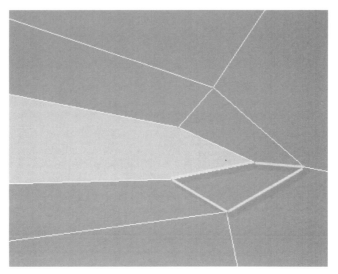

图3-5-53

图3-5-54中标注粗线的地方拉扯度很大，所以需要再增加几根线。将标粗的线删除，重新布置新的线。

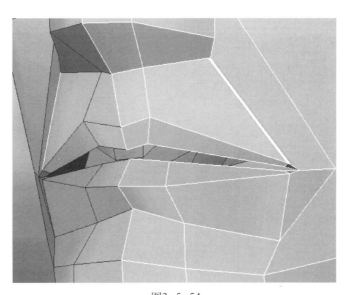

图3-5-54

新加的线既是按着结构的走势布置的，同时也增加了嘴部结构的细节，如图3-5-55所示。

图3-5-55

下嘴唇的布线也是一样的，如图3-5-56所示。

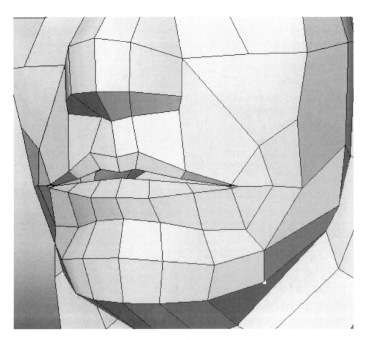

图3-5-56

继续细化嘴唇，增加布线，如图3-5-57所示。

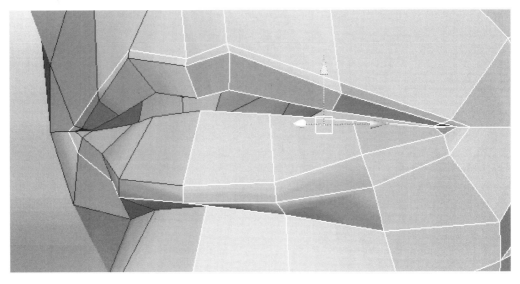

图3-5-57

继续增加口轮匝肌的布线，如图3-5-58所示。

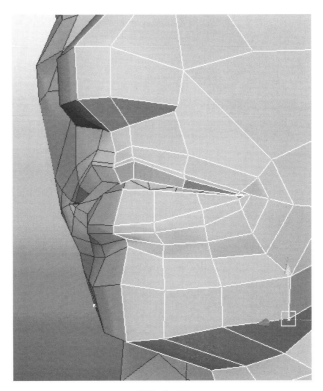

图3-5-58

将嘴部内侧边缘线继续向内加压，丰富嘴部的细节，如图3-5-59、
3-5-60所示。

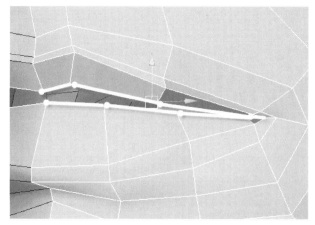

图3-5-59

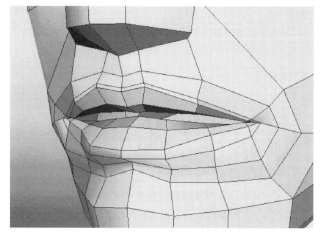

图3-5-60

（19）对角色鼻子部分进行刻画。首先制作鼻翼，增加两根线，确定鼻翼的结构，如图3-5-61所示。

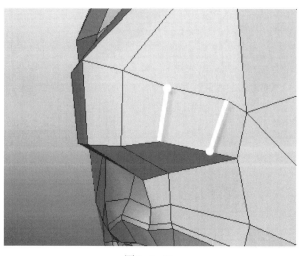

图3-5-61

增加如图3-5-62所标注的结构线，确定鼻子的整体造型。

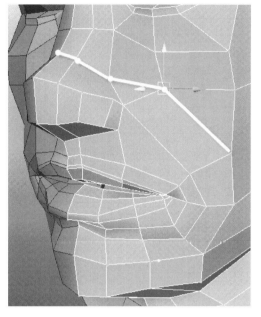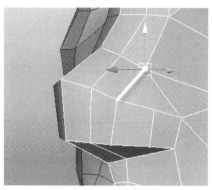

图3-5-62

为鼻子增加片段数，使其看起来更圆滑，如图3-5-63所示。

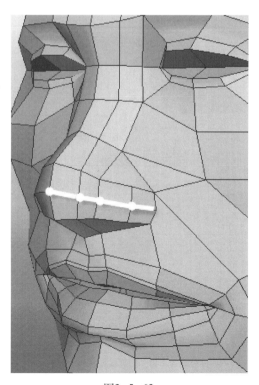

图3-5-63

删除所标注的线，重新走线，如图3-5-64所示。

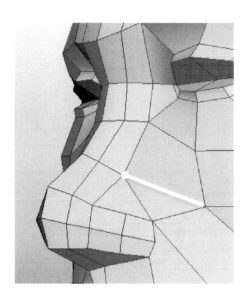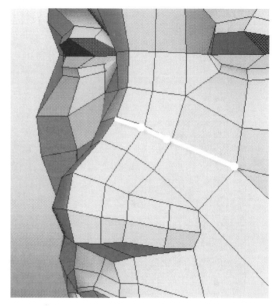

图3-5-64

（20）眼睛制作。眼睛的细节首先从眼角开始，先给内眼角添加一条线到眉弓，如图3-5-65所示。

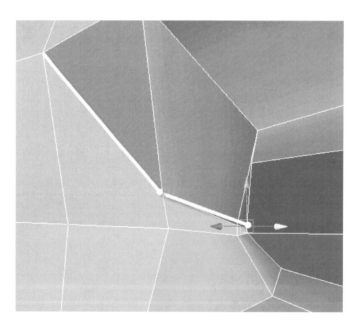

图3-5-65

然后调整点，如图3-5-66所示。

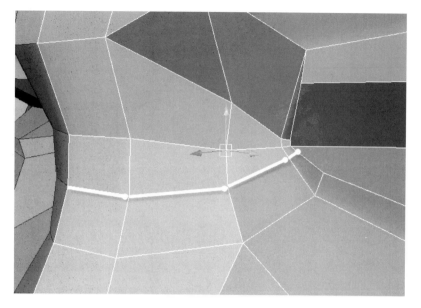

图3-5-66

继续加线，调点，如图3-5-67所示。

图3-5-67

制作外眼角，加线，如图3-5-68所示。

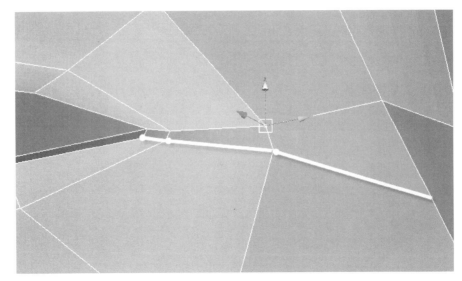

图3-5-68

将眼中的四个面删除,如图3-5-69、3-5-70所示。

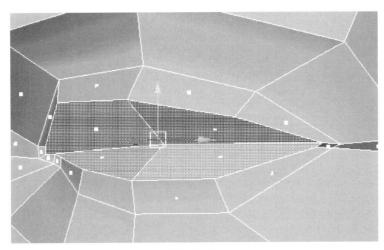

图3-5-69

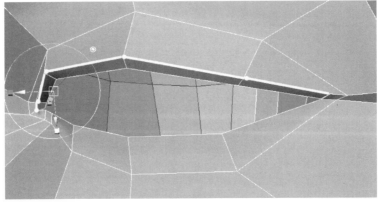

图3-5-70

选择图3-5-71所标注的边，挤压边，挤压出眼皮的厚度，缝合所标注的边。

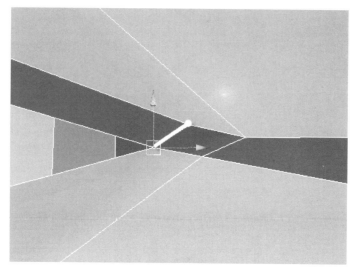

图3-5-71

选择底下的边，挤压出下眼皮的厚度。将两侧的边缝合，如图3-5-72所示。

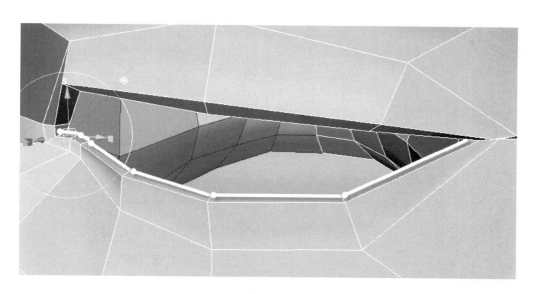

图3-5-72

外眼角的布线调整，如图3-5-73所示。

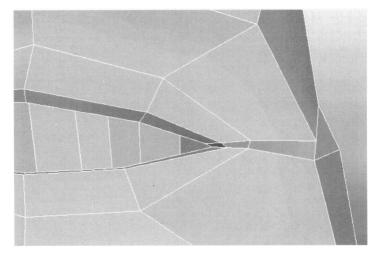

图3-5-73

接着分割上下眼皮，增加眼皮的厚度，如图3-5-74、3-5-75所示。

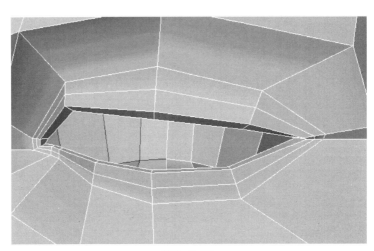

图3-5-74

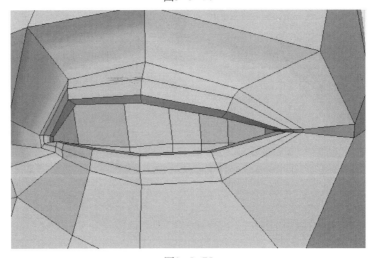

图3-5-75

继续分割，调整点，如图3-5-76所示。

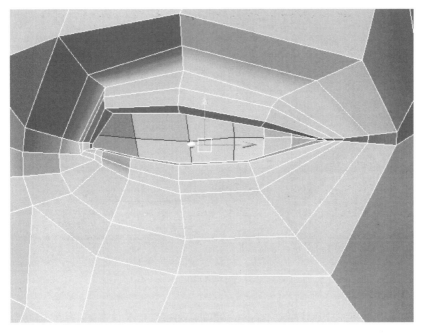

图3-5-76

（21）眉弓的制作。增加片段数，增加眉弓的厚度，如图3-5-77所示。

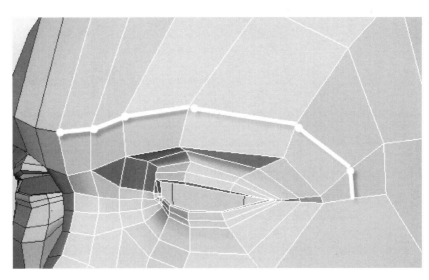

图3-5-77

接着加线，如图3-5-78所示。

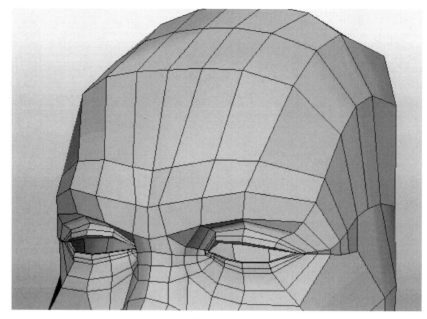

图3-5-78

在眉心中加线，做出眉心凹下的效果，这样可以让角色表现得更凶狠。然后调整，修改布线。

（22）对鼻子的部分增加细节，如图3-5-79所示。

图3-5-79

在制作的时候一定要多注意鼻子的整体结构，不要被纯粹的布线所制约，首先考虑形体的准确性，其次再去考虑鼻子布线的合理性。

鼻子的布线方式很多，但最终都要将造型做得准确。丰富细节，如图3-5-80所示。

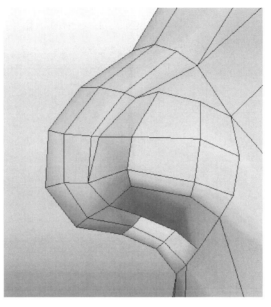

图3-5-80

鼻翼的制作部分很关键，尤其是向鼻孔里的走线。首先将鼻孔的面进行挤压并删除其面，如图3-5-81所示。

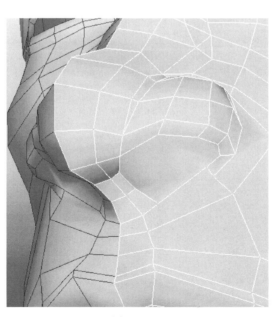

图3-5-81

在加线的过程中尽量节省，以最少的面来表现细节。鼻头和鼻翼一定要注意结构的刻画，如图3-5-82、3-5-83、3-5-84、3-5-85所示。

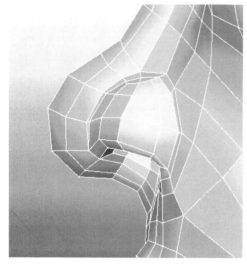

图3-5-82

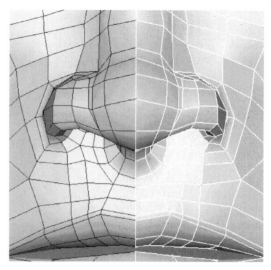

图3-5-83

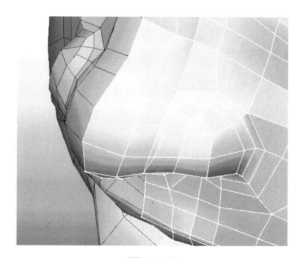

图3-5-84

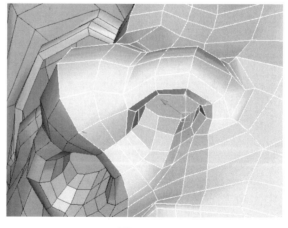

图3-5-85

（23）下面继续对五官分别进行调整，将整体结构调整得更加准确。通过Mesh菜单中的Extract(提取命令)将嘴与鼻子单独提取出来，如图3-5-86、3-5-87所示。

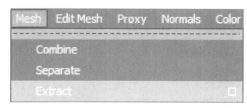

图3-5-86

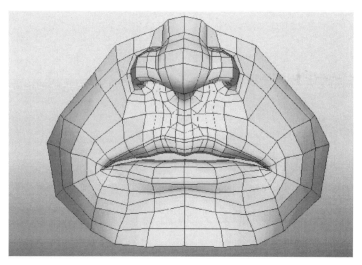

图3-5-87

调整之后的效果如图3-5-88所示。

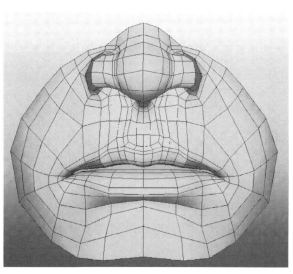

图3-5-88

通过软化选择工具对整体模型进行形体结构上的调整，如图3-5-89所示。

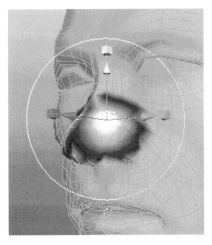

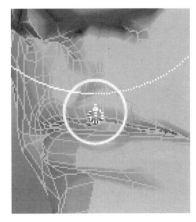

图3-5-89 图3-5-90

通过这个工具可以局部调整部分点的位置，这些点可以移动、旋转、缩放，如图3-5-90所示。

选择图3-5-90圆圈中的按钮可以切换到改变软化选择范围的选项。通过整体的调整，角色头部就基本上做完了，如图3-5-91所示。

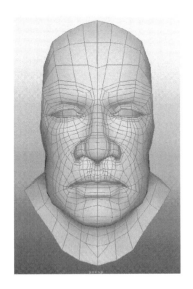

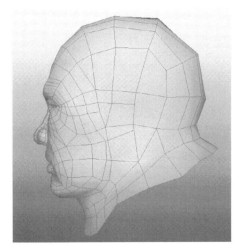

图3-5-91

（24）下面开始进行角色耳朵的制作。耳朵的制作相对于其他部分来说麻烦些，因为其结构比较复杂，布线也比较多，但其实还是有很多规律可循的。首先找一幅耳朵的结构图来进行观察，如图3-5-92所示。

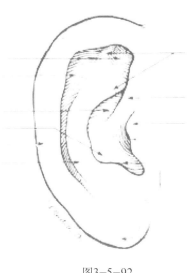

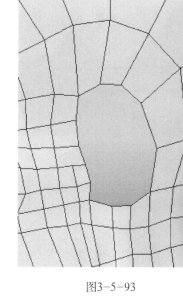

图3-5-92　　　　　　　　　　　　　　图3-5-93

　　根据耳朵的侧面图来看，在制作的时候首先顺着其结构进行布线。布线的时候应尽量简化，因为耳朵周围的布线并不是很多，所以在制作之前先调整一下耳朵周围的布线，将它们都集中在这里，如图3-5-93所示。

　　（25）通过Create菜单中的Polygon Primitives(创建多边形几何形体)中的Plane（多边形平面）创建耳朵的基本平面，如图3-5-94所示。通过一个平面来创建耳朵，这种建模的方式是从局部开始入手，比较容易把握耳朵的结构，如图3-5-95所示。

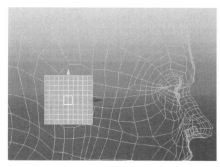

图3-5-94　　　　　　　　　　　　　图3-5-95

　　通过右边的通道栏来调整其网格的片段数，如图3-5-96所示。

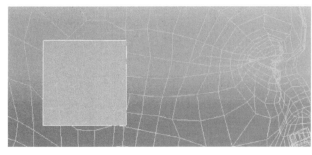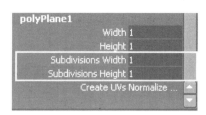

图3-5-96

（26）通过多边形挤压命令将耳朵的大形先挤压出来，如图3-5-97所示。

图3-5-97

（27）使用同样的方法创建一个多边形平面，继续挤压做出内耳的大形。在这个侧视图做完之后，创建的只是一个片，操作者需要进入透视图再继续对创建的点进行调整，使其变得有立体感，如图3-5-98所示。

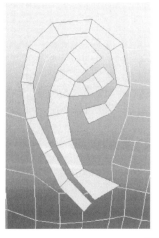

图3-5-98

（28）接下来通过Mesh菜单中的Combine命令，将两个物体合并在一起。先选择两个物体，再执行Combine命令，然后通过Edit Mesh菜单中的Append to Polygon Tool将外耳和内耳模型的面连接起来。执行完这个命令之后，先选择其中一个边，再选择对面的另一个边，最后按回车完成面的创建，如图3-5-99所示。

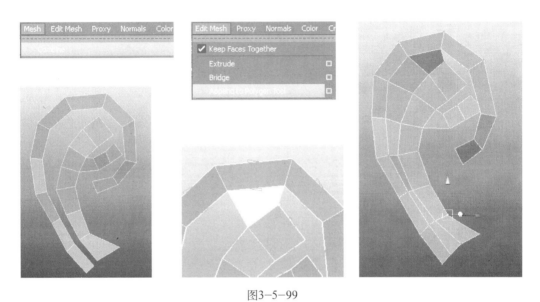

图3-5-99

（29）选择最外圈的边，进行挤压边，将耳朵挤压出厚度，如图3-5-100所示。

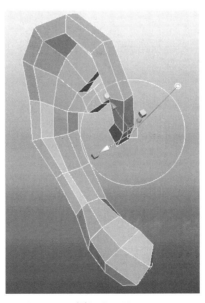

图3-5-100

（30）调整新挤压出的点，把握好大形，如图3-5-101所示。

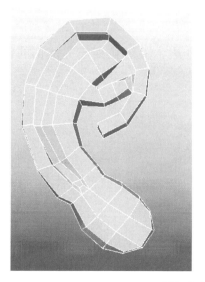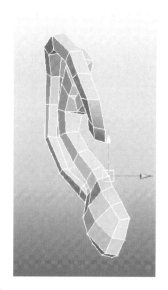

图3-5-101

将剩下的面通过扩展多边形工具进行补面，如图3-5-102所示。

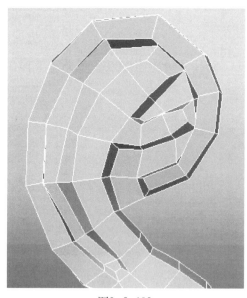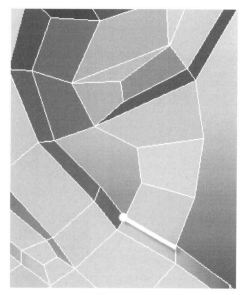

图3-5-102   图3-5-103

（31）从图中的粗边开始挤压，跟上面的边连接起来，如图3-5-103所示。

（32）选择图中的粗边挤压出耳朵眼，然后继续向内挤压，如图3-5-104所示。

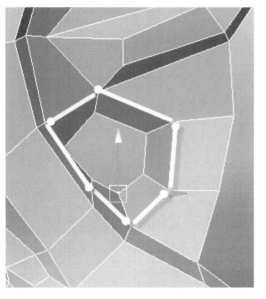
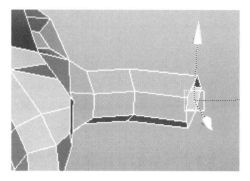

图3-5-104

（33）选择这些粗边，继续挤压耳朵的厚度，并调整点的位置，如图3-5-105所示。

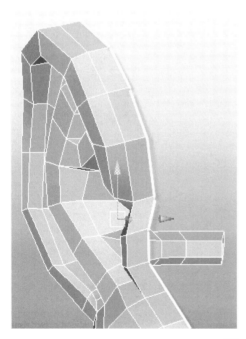
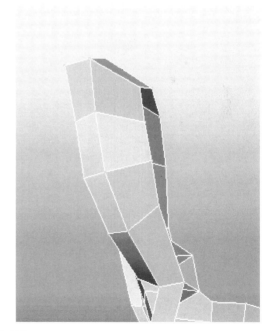

图3-5-105

（34）选择这个面对其进行挤压，如图3-5-106所示。

图3-5-106

（35）将这部分粗边挤压，如图3-5-107、3-5-108所示。

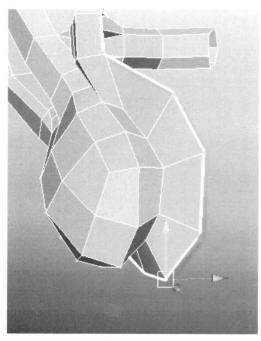

图3-5-107

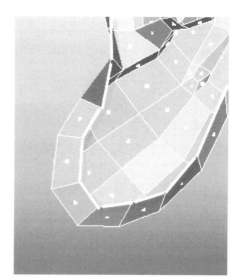

图3-5-108

（36）继续挤压边并调整点，耳朵的形体基本上就做完了，如图3-5-109所示。

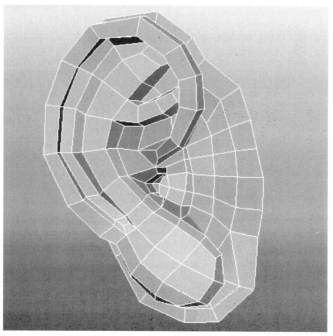

图3-5-109

（37）下面通过合并多边形命令、缝合点等将耳朵缝合到头部。在缝合的过程中，需要不断地调整模型的点，使其片段数相互符合，如图3-5-110所示。

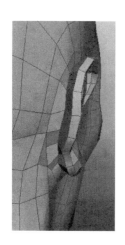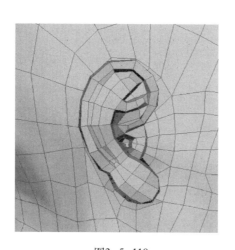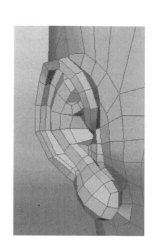

图3-5-110

（38）经过一系列调整、加线、减线、调点等操作，角色的头部基本做完。下面可以看到整体的结构布线图，如图3-5-111所示。

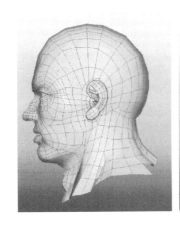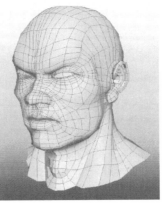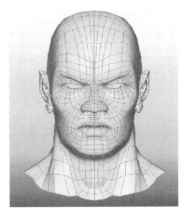

图3-5-111

接下来我们通过另一个软件对模型进行优化。

四、UVLayout展UV

1．UVLayout应用

在导入到Zbrush之前首先需要先展好模型的UV。多边形的UV其实就相当于每个端点在模型展成平面之后所在的位置（相当于坐标）。只要是给模型贴图都需要进行展UV。在Maya里可以随意对模型进行展UV，有着相当多的命令和工具。相对于人物的模型来说，展UV就相当麻烦了，所以一般情况下展UV都会依赖于其他软件。下面我们介绍一个展UV的软件UVLayout。

（1）由于创建的模型只是一半，所以操作者需要先将模型合并，再选择所有的点执行融合点命令。选择Edit Mesh菜单中的Merge，如图3-5-112所示。

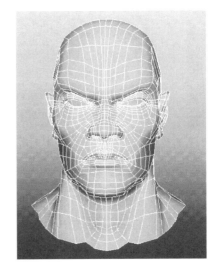

图3-5 112

（2）在导入到UVLayout这个软件之前，操作者首先需要将模型从Maya中导出来。先选择Edit菜单中的Delete All by Type(删除场景中所有类型)中的History（历史记录），这个命令会将场景里所有物体的历史记录删除。这是将模型导出所必须要做的，如图3-5-113所示。

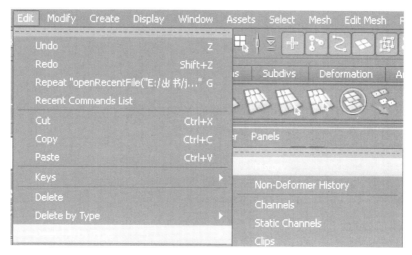

图3-5-113

(3)选择物体，再选择File菜单中的Export Selection（导出所选择的物体），如图3-5-114所示。在弹出来的对话框中将导出模型的格式改成obj格式。如果没有obj这个格式选项的话，操作者可以选择Window菜单中Settings/Preference（优先设置）中的Plug-in Manager（插件管理器）。

图3-5-114

（4）在这个对话框中选择objExport.mll后边的Load和Auto load，这样就可以将obj格式导出的选项读取出来，如图3-5-115所示。

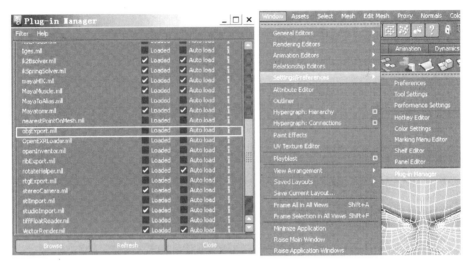

图3-5-115

2. 将obj模型导入到UVLayout

（1）在文件夹里将新导出来的obj文件拖到UVLayout这个软件的图标上，该软件会自动运行，如图3-5-116所示。此时选择弹出窗口中的Load按钮，如图3-5-117所示。

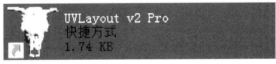

图3-5-116

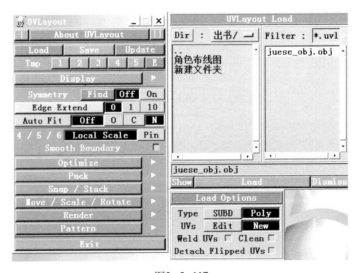

图3-5-117

（2）打开软件之后该软件主要分成两个部分，左边是操作按钮与命令，右边是视图操作区域。视图操作区域的操作方法很简单，用鼠标左键可以旋转视图，用鼠标中键可以平移视图，用鼠标中键加左键可以放大或缩小视图，如图3-5-118所示。

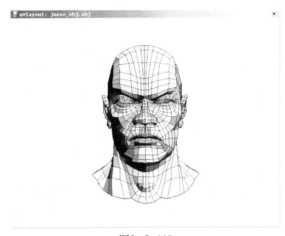

图3-5-118

3. 使用UVLayout软件展模型的UV

（1）模型导进来之后，操作者首先需要找到模型的中心线。告诉这个软件中间的这条线是对称线，就跟在Maya中建模一样，在这里展UV也只需要展一半，另一半会自动展好。选择左边命令窗口中的Find按钮，如图3-5-119所示。

图3-5-119

（2）然后在右边的操作区域中选择模型中心线上的其中一条边，按空格键，这样就完成了寻找中心线，同时创建出了镜像，如图3-5-120所示。

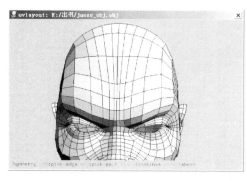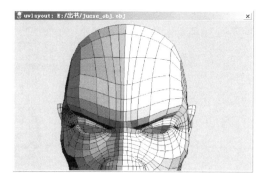

图3-5-120

（3）接下来拆分UV。拆分UV的时候很关键，不能直接将整个头部展UV，需要将不好展的部分切割下来，比如鼻子里边、口腔、耳朵等。首先分割口腔，将鼠标移到要分割的线上，然后按键盘上的C键，这个时候该软件会自动环切分割。如果切割多了，可以通过键盘上的W键收回切割多了的边，如图3-5-121所示。

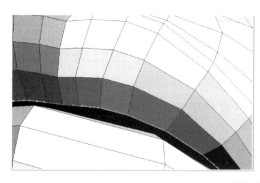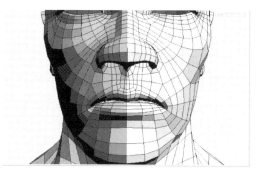

图3-5-121

（4）切割好之后按回车键，此时原本黄色的线会变成绿色的线，表示分割成功。操作者可以通过空格键+鼠标的中键选择要移动的物体，然后拖拽，这样就可以将分割出来的UV移到一边，如图3-5-122所示。

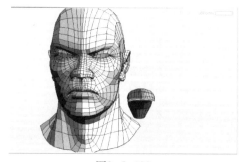

图3-5-122

(5)口腔部分可以看成是一个变了形的圆柱体,这个时候直接展其UV系统根本计算不出来,操作者需要将口腔进行分割。将鼠标移动到要分割的线上通过Shift+S键使其分割,如图3-5-123所示。

图3-5-123

（6）按键盘的D键,将分割好的口腔放到展UV面板上,这个时候可以看到口腔消失了。操作者按下键盘的L键,进入展UV面板上,可以看到准备展UV的口腔就摆放在上面,然后按键盘上的Shift+F键进行初步展UV。等展到一定程度之后再按下键盘上的空格键,这样口腔的UV就展好了,如图3-5-124所示。其他部分展UV的方法和上面所讲的基本一致。

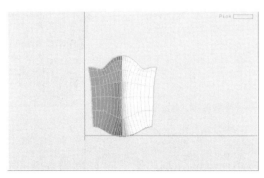

图3-5-124

（7）按键盘上的2键，回到透视图，继续其他部分的展UV，接下来是对角色耳朵的分割。在分割耳朵之前，需要先将内耳切割下来并展UV，当展好其中一个耳朵之后，操作者可以通过按键盘上的S键，将另一只耳朵进行镜像UV，如图3-5-125所示。

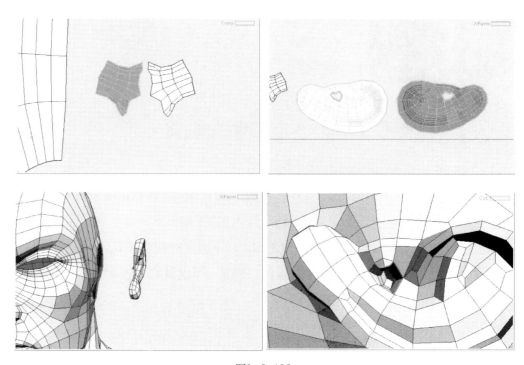

图3-5-125

（8）接着是鼻孔内部的展UV，如图3-5-126所示。

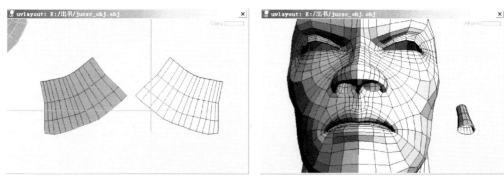

图3-5-126

（9）眼睛这部分一定要分割出来，这样展整体头部的时候不会出现UV重叠的错误，如图3-5-127所示。

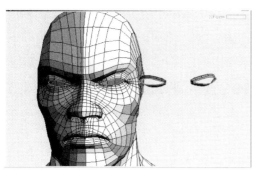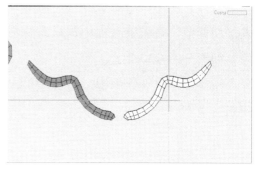

图3-5-127

（10）头部展UV比较麻烦，有的时候不能一步就展好，操作者要在头部分割几个缝隙。先将下巴部分分割出一个缝，如图3-5-128所示。

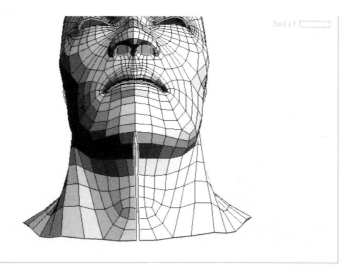

图3-5-128

接着将头部分割成"T"字形，如图3-5-129所示。

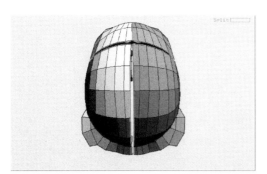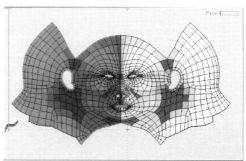

图3-5-129

（11）虽然现在已经展好，但部分地方还是产生了UV重叠，所以操作者需要手动调节。在调节过程中，只需要调节一半，另一半可以按S键完成镜像的创建，如图3-5-130所示。

按住Ctrl+鼠标中键，选择要调节的UV点，调节其位置，如图3-5-131所示。

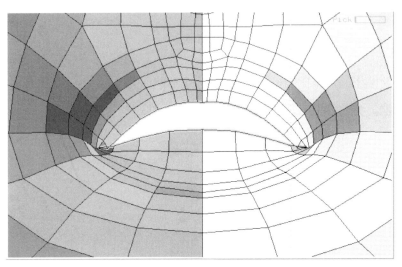

图3-5-130

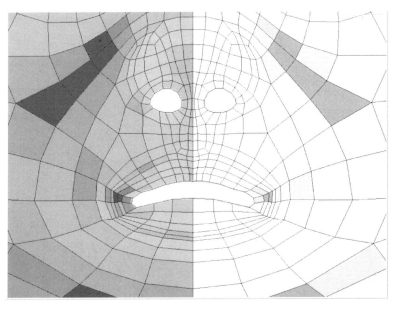

图3-5-131

（12）将展好的UV均匀地平放在这个单元格子中，如图3-5-132所示。

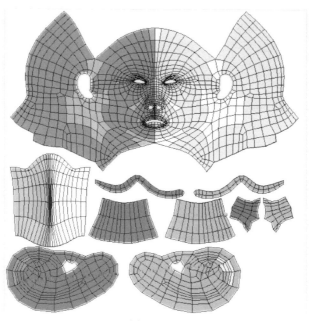

图3-5-132

角色的头部整个UV就展好了。将展好UV的模型导出，仍然以obj的格式导出，选择左边窗口的Save按钮，导出模型，如图3-5-133所示。

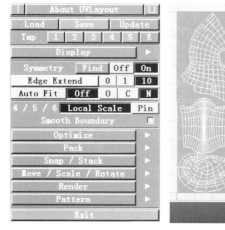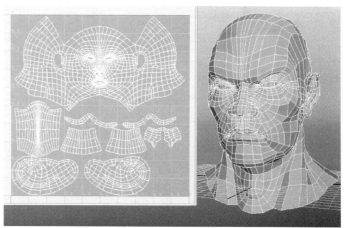

图3-5-133

这样一个完整的头部模型就制作完成了，如果还想继续细化可以把现有模型导入Zbrush中继续雕刻细节，此处就不再详细讲解了。

第六节　卡通类角色建模制作实例

本节我们学习使用3ds Max制作卡通模型跳跳虎，如图3-6-1所示。

制作前我们依然要对角色进行分析，根据角色特点可将其分为头部、身体两大部分

一、头部的制作

由于每个人的制作习惯不同，可以先从身体做起，也可以先从头部做起，有人习惯使用球体开始搭建，我们现在学习从Box建起。

（1）创建一个基础立方体，并将其长宽高分段设定为2×2×3，如图3-6-2所示。

图3-6-1

卡通角色跳跳虎

图3-6-2

创建基础立方体

（2）选择物体，点击鼠标右键转化为编辑多边形。

（3）选择编辑多边形面层级，在前视图选择多边形左半侧，点击键盘上的Delete键删除，如图3-6-3所示。

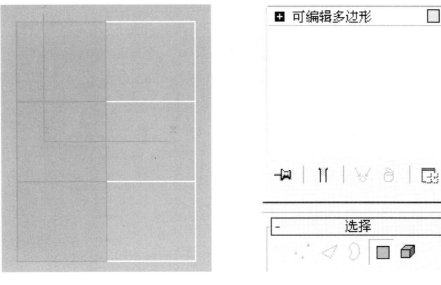

图3-6-3

选择左半侧

（4）在修改器列表中添加一个对称命令，这样左半边就出现了一个复制体，此复制体不能进行编辑，但会随着右侧的编辑进行相同的操作，如图3-6-4所示。

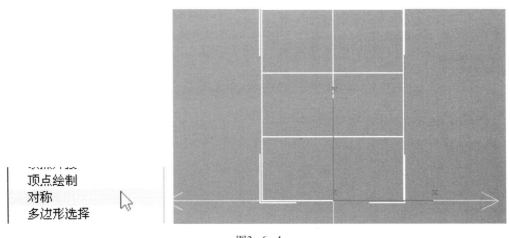

图3-6-4

添加对称命令

（5）注意此时的堆栈栏，应形成对称命令在上的效果，如果选择编辑多边形，发现对称效果消失，这时打开最终显示开关即可，如图3-6-5、3-6-6所示。

图3-6-5

最终显示开关开启前

 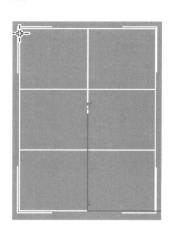

图3-6-6

最终显示开关开启后

（6）编辑顶点，对头部进行各角度的调整，使用切割工具进行加线，如图3-6-7所示。

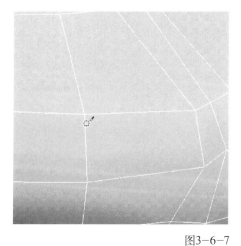 

图3-6-7

切割工具

（7）在编辑多边形卷展栏中，使用挤出和倒角工具对头部耳朵和嘴巴进行制作，并对顶点进行调节，如图3-6-8所示。

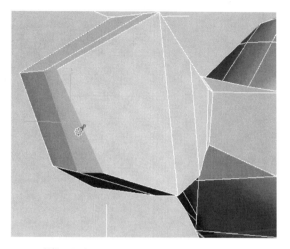

图3-6-8

挤出工具

（8）头部最终效果如图3-6-9所示。

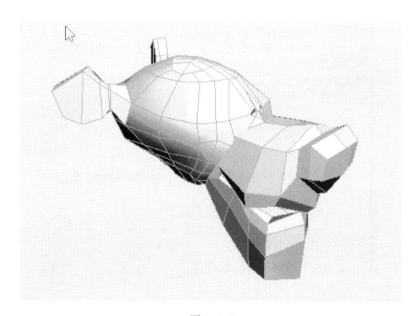

图3-6-9

头部效果

（9）脖子的制作还是使用挤出和倒角命令，同时对顶点进行调节，如图3-6-10所示。

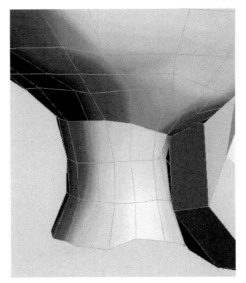

图3-6-10

脖子效果

（10）由于模型使用了对称命令，所以左侧其实是复制体，并不存在。模型完成后可以使用塌陷命令使左右两边变成一个实体，成为可编辑的多边形，方式是选择堆栈栏的空白处，点击塌陷全部即可，如图3-6-11所示。

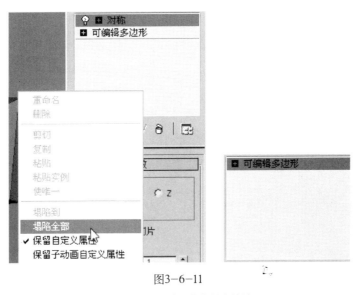

图3-6-11

使用塌陷全部前后堆栈栏的效果

二、身体的制作

身体的制作依然使用基础立方体。

（1）制作身体的前五步与制作头部一致，唯一不同的是立方体的长宽高分段数改为1×2×4，如图3-6-12所示。

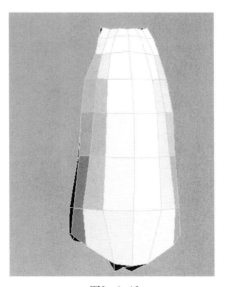

图3-6-12

调整后的身体效果

（2）手臂的制作。在编辑多边形卷展栏中，使用挤出和倒角工具，并对顶点进行调节，如图3-6-13所示。

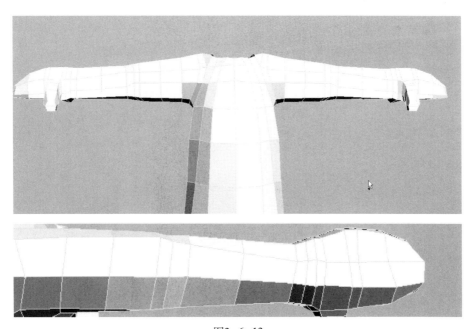

图3-6-13

手臂的制作效果

（3）腿与脚的制作。依然在编辑多边形卷展栏中，使用挤出和倒角工具，并对顶点进行调节，如图3-6-14所示。

图3-6-14

腿脚的制作效果

（4）尾巴的制作。人物角色是没有尾巴的，但对动物而言一般是要有的，制作方法还是使用挤出和倒角工具，如图3-6-15所示。

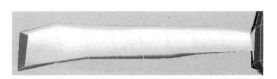

图3-6-15

尾巴的制作效果

（5）全部身体制作完成后，进行塌陷，如图3-6-16所示。

图3-6-16

身体效果

（6）身体与头部制作完成后，必须进行缝合。首先任选其一，进行附加，如图3-6-17所示。附加前两部分颜色不同，但附加后后者跟随前者的颜色。

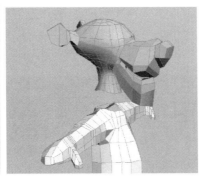

图3-6-17

附加命令使用前后效果

（7）下面缝合头部和身体，头部和身体的对接面必须为空，然后使用编辑顶点里的焊接命令或编辑几何体里的塌陷命令，如图3-6-18所示。

图3-6-18

焊接与塌陷命令

（8）焊接或塌陷完成后对顶点再进行调节，这时模型表面可能不是很光滑，棱角较为分明，可以在修改器列表里添加一个涡轮平滑命令，把迭代次数改为2（注意迭代越高，细分越好，但面数却越多，不要超过3，否则系统计算压力太大），使表面达到预期效果，如图3-6-19、3-6-20所示。

图3-6-19

涡轮平滑

图3-6-20

最终效果

【本章小结】

1. 本章主要结合两款软件讲解多边形模型的制作方法，包括场景建模和角色建模，相信大家通过本章的学习可以制作出自己设计的模型。

2. 无论卡通模型还是写实模型，都会强调布线问题和造型问题，这需要在平时多看一些角色布线图和一些优秀作品，看看别人是如何处理布线和结构问题的。

3. 场景在制作中应用的命令比较多，但操作并不复杂，主要是对场景透视和氛围的把控。什么时候用细模型，什么时候用粗模型，还是要根据近实远虚的方法来处理，应避免无谓地增加系统负担。

第四章

NURBS模型制作

第一节　什么是NURBS

　　NURBS是Non-Uniform Rational B-Splines的缩写，是"非统一有理B样条"的意思。NURBS曲线和曲面不存在于传统绘图世界中，它们是运用计算机特别为三维建模而创建的。曲线和曲面表示三维建模空间中的轮廓或形状，它们是在数学上被构造出来的。NURBS能够比传统的网格建模方式和多边形建模方式更好地控制物体表面的曲线度，从而创建出更逼真、更生动的造型，如图4-1-1所示。

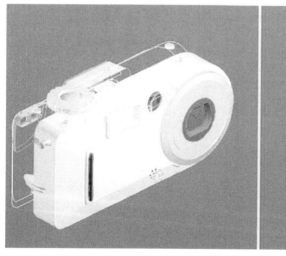
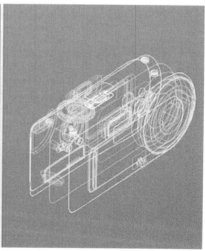

图4-1-1

流线型的工业产品（NURBS曲线建模举例）

NURBS数学比较复杂，本章只简单介绍一些NURBS的概念，可以帮助操作者理解正在创建的内容，以及NURBS产生这种效果的原因。有关NURBS建模中数学和算法的全面描述，请参见Les Piegl和Wayne Tiller所著的*The NURBS Book*（纽约：施普林格，1997年第二版），如图4-1-2所示。

图4-1-2
The NURBS Book

第二节　NURBS在Maya中的应用

一、Maya中NURBS的创建方法

首先在工作模块中选择Surfaces模块，然后在工具架中选取Curves（曲线）（如图4-2-1所示）或Surfaces（面片）（如图4-2-2所示）创建均可。

图4-2-1
Curves选项

图4-2-2
Surfaces选项

二、NURBS基本体

1.NURBS基本体

在主菜单栏选择Create菜单中的NURBS Primitives或从工具架中选择Curves或Surfaces选项卡进行创建，包括Sphere(球体)、Cube(立方体)、Cylinder(圆柱体)、Cone（圆锥体）、Plane（平面）、Torus（圆环体）等8种基本体模型，如图4-2-3所示。

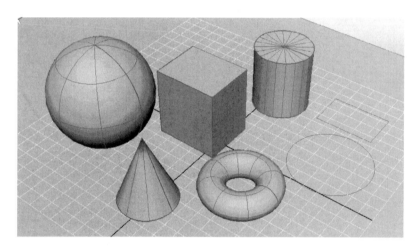

图4-2-3

8种NURBS基本体

2.NURBS曲面的元素

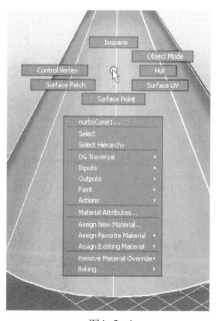

NURBS模型不同于多边形的修改主要是通过Vertex（点）、Edge（线）、Face（面）三要素完成，而是由Control Vertex（控制点）、Isoparm（Isoparm参数线）、Surface Point（曲面点）、Hull（壳线）、Surface Patch（曲面）等要素组成。在NURBS任意模型上单击鼠标右键都会出现选择控制点、Isoparm参数线、曲面点、壳线、曲面的菜单，如图4-2-4所示。

图4-2-4

NURBS曲面选择元素

三、NURBS模块下的常用命令

Maya 2010对Surfaces模块进行了重新调整，添加了对NURBS的修改与操作命令，主要命令分布在Edit Curves菜单、Surfaces菜单和Edit NURBS菜单中。

1.Edit Curves菜单

此菜单主要是对NURBS曲线进行编辑与操作，如图4-2-5所示。

图4-2-5

Edit Curves菜单

（1）Duplicate Surface Curves

复制曲面曲线，主要用于复制提取NURBS物体表面上的曲线，包括结构线、剪切线和ISO线等。需要注意，复制出来的曲线和原有曲面是相互关联的，必须删除复制曲线的历史记录，才能将曲线独立出来。

（2）Attach Curves

结合曲线，用于将两条曲线连接起来。使用方法是先选择两条曲线，然后再选择该命令。当两条曲线不相交时，曲线结合时会产生不同效果。

（3）Detach Curves

分离曲线，与结合曲线命令相反，用于将曲线分离打断。

（4）Align Curves

对齐曲线，用于将曲线上的点对接，也可以结合两条曲线形成新的曲线。

（5）Open/Close Curves

打开/闭合曲线，用于将曲线封闭或将封闭的曲线变成开放的曲线。

（6）Move Seam

移动接缝，用于移动闭合曲线上的起始点，曲线的起始点直接关系到曲面形成。

（7）Cut Curve

切割曲线，用于计算出多条曲线的交叉点后再从交叉点处剪切曲线。

（8）Intersect Curves

相交曲线，用于显示在一条或多条曲线上的交点。计算出交点可以作为切割曲线和分离曲线两个命令的定位点，也可用于对捕捉物体进行定位。注意计算出的定位点会随着曲线的运动而改变位置。此命令与切割曲线操作一致，区别在于没有剪切功能。

（9）Curves Fillet

曲线倒角，用于在两条曲线间或曲线与曲面上的曲线间创建一个圆弧形的过渡曲线。

（10）Insert Knot

插入节点，用于在曲线指定位置上插入新的节点。该命令不会改变曲线的基本形状，主要是增加曲线的段数，可用于细化曲线。

（11）Extend

扩展曲线，用于对曲面进行扩展。此命令分为Extend Curve和 Extend Curve on Surface，前者用于对标准曲线进行扩展，后者用于对曲面上的曲线进行扩展。

（12）Offset

偏移工具，用于创建一条相对于原曲线或NURBS物体上的曲线的新曲线，作为偏移曲线，相当于创建一条平行曲线，可以用来制作倒角。此命令跟Extend命令一样也分为Offset Curve和 Offset Curve on Surface两个命令。

（13）Reverse Curve Direction

反转曲线工具，用于反转曲线上的CV控制点的顺序。反转CV控制点对曲线最大的影响是反转了曲线开始和结束点的方向，但对曲线本身形状没有影响。反转后的曲线UV方向也会被改变，如果使用曲线作为路径动画的原始路径，将同样反转物体的运动方向。

（14）Rebuild Curve

重建曲线，用于对构建好的曲线上的点进行重新修正。

（15）Fit B-spline

匹配B样条线，用丁将三次曲线匹配到一次线性曲线。当导入曲线和表面时，执行该命令将创建一个与之匹配的三次曲线。

（16）Smooth Curve

平滑曲线，用于平滑创建的曲线的形状。此工具只是优化曲线上的点的位置以使曲线看起来光滑，并不改变点的数量。此工具对封闭曲线、曲面上的曲线和ISO参数线不起作用。

（17）CV Hardness

点硬化，用于控制Degree为3的曲线的CV控制点的曲率因数。

（18）Add Points Tool

追加点工具，用于创建曲线延长点，增加的点不是在曲线上而是作为曲线延长的部分。

（19）Curve Editing Tool

曲线编辑工具，用于对已创建曲线进行重新编辑。此工具相当于在曲线任意位置上插入一个控制点，然后对该段曲线做弯曲和缩放变形，控制点不受原曲线点数量和位置的影响。

（20）Project Tangent

映射相切，用于改变一条曲线端点的正切率，使之与另外两条相交曲线或一个曲面的正切率一致。曲线一端必须与两条曲线的交点或与曲面的一条边重合。

（21）Modify Curves

修改曲线，用于对曲线点或形状进行修正，但不改变构成曲线点的数量。它又分为七种工具：Lock Length（锁定长度）、Unlock Length（解锁长度）、Straighten（拉直）、Smooth（平滑）、Curl（卷曲）、Bend（弯曲）

和Scale Curvature（缩放曲率）。

Lock Length，用于锁定曲线长度，曲线上的点只能在一个固定的范围内移动。Unlock Length，解除锁定。Straighten，将弯曲的曲线拉直。Smooth，使曲线弯曲程度趋向平缓，多次平滑后将趋向拉直效果。Curl，用于曲线中段，使整条曲线卷曲，曲线起始点固定不动。Bend，固定曲线起始点，拉动曲线末端点来弯曲曲线。Scale Curvature，改变曲线曲率，对直线无效。

（22）Bezier Curves

贝塞尔曲线，又称贝兹曲线或贝济埃曲线，一般的矢量图形软件通过它来精确画出曲线。贝塞尔曲线由线段与节点组成，节点是可拖动的支点，线段像可伸缩的皮筋，我们在绘图工具中看到的钢笔工具就是用来做这种矢量曲线的。

（23）Selection

选择，用于选择曲线上的元素。Select Curve CVs是选择曲线上的所有CV点；Select First CV on Curve是选择曲线上的第一个CV点；Select Last CV on Curve是选择曲线上的最后一个CV点；Cluster Curve是一次对曲线上的所有CV点全部匹配。

2.Surfaces菜单

此菜单主要是对NURBS曲线进行编辑与操作，从而生成NURBS曲面的命令菜单，如图4-2-6所示。

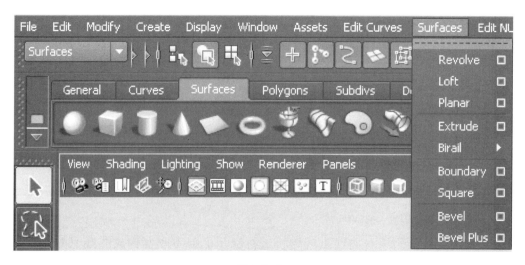

图4-2-6
Surfaces菜单

（1）Revolve

旋转成型，通过创建物体的曲线截面，使曲线沿着某一个轴向旋转，形成新的曲面。曲面创建完后可以到通道栏中打开INPUTS项目，打开显示操纵器，进行曲面生成后的修改与调整，这种调整方式适用于其他的Surfaces命令。

（2）Loft

放样，是曲面工具中最常用的命令之一，通过创建一组连续的曲线，生成新的曲面，曲线本身定义了曲面形状。操作步骤是先创建物体的轮廓线，然后按次序选择执行该命令就可以生成新的曲面。需要注意的是曲线的选择次序决定了曲面的生成形态。

（3）Planar

平面，使用曲线形成一个平面，但要求曲线必须是闭合的、共面的或一组相交的闭合曲线，此命令的局限性很大，在实际应用中一般只用于ISO参数线的平面形成。

（4）Extrude

挤出，可以实现一些非常惊人的效果，可使一条轮廓曲线沿着另一条曲线的方向创建出曲面，这条轮廓线可以是任何类型的曲线，也可以直接将轮廓线挤出。使用方法是选中轮廓线，再配合键盘上的Shift键选中路径曲线，然后执行命令即可。

（5）Birail

轨道，包括三个命令：Birail 1 Tool、Birail 2 Tool、Birail 3+ Tool，这三种不同的轨道曲面生成方法不同于Loft命令，Birail在执行时需要轨道线辅助才能生成曲面。

（6）Boundary

边界，依据3条或4条边界线围住曲面的外形，边界线不用相交。选择次序对于曲面的最终效果有着直接影响，配合Shift键，先依次选中边界曲线，最后执行命令即可。

（7）Square

四方，依据3条或4条相交的边界线创建出曲面，常用于将物体的相交曲线创建出封盖效果。选择曲线时必须依次选择，以顺时针或逆时针的方向选择。

（8）Bevel

倒角，使用曲线挤出带有倒角边的曲面，曲线类型没有太多限制，在实际使用中常常用于制作文字或Logo的立体模型。

（9）Bevel Plus

倒角，跟Bevel效果一致，能制作出更为复杂的倒角效果。

3.Edit NURBS菜单

此菜单主要是对NURBS曲面进行编辑与操作，如图4-2-7所示。

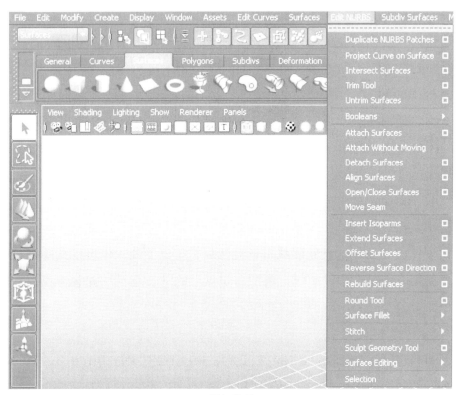

图4-2-7

Edit NURBS菜单

（1）Duplicate NURBS Patches

复制NURBS面片，当需要NURBS曲面上的面片时，可以先选中曲面，单击右键，将选择模式切换到Surface Patch模式，然后选中需要复制的面片，执行该命令，即可将该面片提取出来。

（2）Project Curve on Surface

投射曲线到曲面，主要用于将曲线投射到曲面上形成新的曲线，形成的新曲线会依附于曲面。可以使用Trim Tool对曲面进行剪切，如果想要得到该曲线，可以使用Duplicate Surface Curves将曲线提取出来。投射后的曲线如果不满意投射角度还可以调整，曲线会依附于曲面进行移动。

（3）Trim Tool

裁剪工具，此工具会经常用到，可以将曲面进行裁剪。使用时请注意，先选中要裁剪的曲面，然后执行该命令，这时整个曲面会变成白色的虚线，选择要留下的面，选中后虚线会变成实线，按键盘上的Enter键，曲面便会被裁剪下来。

（4）Untrim Surfaces

取消裁剪面，此命令与裁剪工具正好相反，使用此命令后裁剪过的曲面将会恢复到被裁剪前的状态。

（5）Booleans

布尔运算，此命令请参考第二章第一节多边形基础里的内容。操作方法是先选择一种运算方式，然后选中第一部分曲面，按键盘上的Enter键，再选中第二部分曲面，再按键盘上的Enter键，布尔运算才被执行。

（6）Attach Surfaces

结合曲面，通过指定两个不同曲面上的ISO参数线，将两个曲面结合成一个新的曲面，中间形成柔和的过渡曲面，过渡曲面的形态取决于第一个被选中的ISO参数线的外形。操作方法是先选中一个曲面，点击右键，进入Isoparm选择模式，选中起始的ISO参数线，配合Shift键，再选择另一个曲面，点击鼠标右键，进入Isoparm选择模式，选择被结合处的ISO参数线，执行命令就可以将两个曲面结合起来。

（7）Attach Without Moving

非移动结合曲面，主要用于在结合曲面时，曲面本身不发生位移变化。

（8）Detach Surfaces

分离曲线，主要用于将一个完整的曲面分割开来。操作方法是先选中曲面，点击鼠标右键，进入Isoparm选择模式，然后选中ISO参数线，也就是分割线，最后执行命令。

（9）Align Surfaces

对齐曲面，主要用于将两个不同曲面的边界对齐。

（10）Open/Close Surfaces

打开或关闭曲面，打开或关闭在U方向或V方向的曲面，对于封闭的曲面会在起始处打断并开放。

（11）Move Seam

移动接缝，对于NURBS曲面，接缝的位置决定了曲面的结构，无论是平面、球体还是复杂的NURBS模型，将其伸展开都会成为一个有着UV方向的四边形平面，所以接缝的位置直接影响了曲面与其他曲面结合后的外形。

（12）Insert Isoparms

插入ISO参数线，在曲面上添加新的ISO参数线，可以更加方便地控制曲面的外形，这是一个非常重要的命令。操作方法是先选中曲面，点击鼠标右键，选择Isoparm模式，在曲面上拖动ISO参数线，会出现一条黄色虚线，再执行命令，新的ISO参数线就产生了。

（13）Extend Surfaces

延伸曲面，用于将曲面在U方向和V方向延伸出曲面，延伸的曲面与原曲面保持连续性。

（14）Offset Surfaces

偏移曲面，主要用于新偏移出一个曲面，该曲面与原始曲面平行。

（15）Rebuild Surfaces

重建曲面，在利用Loft等工具使用曲线生成曲面时，容易造成曲面上的曲线分布不均匀，影响曲面的进一步编辑。使用重建曲面命令，可以使曲面上UV方向的曲线分布更加合理。

（16）Round Tool

圆化工具，可以使相交的NURBS边界产生圆滑的过渡。操作方法是先执行命令，在视窗中选择需要圆化的曲面边缘，在两个曲面间出现一个黄色的半径调节器，调整好圆化半径，按键盘上的Enter键，就能在两个曲面间形成一个平滑的曲面。

（17）Surface Fillet

曲面倒角，可以让曲面产生光滑过渡，共分为三个工具Circular Fillet（圆形倒角）、Freeform Fillet（自由倒角）、Fillet Blend Tool（倒角融合工具），分别用于相交或不相交的曲面重建曲面倒角。

（18）Stitch

缝合，主要用于将两个曲面缝合在一起，并不创建新的过渡曲面，使用该命令可以使曲面的ISO参数线相对应，是一种比较合理的结合曲面的工具。此命令分为三个工具Stitch Surface Points（缝合曲面点）、Stitch Edges Tool（缝合边工具）、Global Stitch（全局缝合）。

（19）Sculpt Geometry Tool

雕刻几何工具，使用雕刻笔工具对NURBS曲面进行修改和编辑。需要注意的是NURBS曲面的段数一定要大，只有这样才能使雕刻过的曲面变得光滑。

（20）Surface Editing

曲面编辑，此命令主要是通过使用控制手柄来对曲面进行控制和编辑。

（21）Selection

选择，在选择命令中一共有4个命令，主要用来快速选择曲面上特定区域的控制点。

第三节　NURBS在3ds Max中的应用

一、3ds Max中NURBS的创建方法

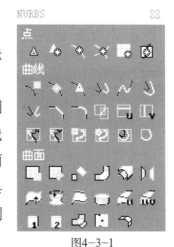

图4-3-1

NURBSI工具箱界面

在3ds Max中创建NURBS有两种方法。方法一：在创建面板里打开几何体，选取NURBS曲面，单击CV曲面按钮在视图窗口中创建；方法二：在创建面板里打开图形，选取NURBS曲线，单击CV曲线按钮在视图窗口中创建。两种方法都可以进入修改面板进行NURBS的编辑并以此激活NURBS创建工具箱，如图4-3-1所示，NURBS工具箱分为三种，创建与编辑方式分别是点、曲线和曲面。

二、NURBS基本体

3ds Max并没有提供可直接创建的NURBS基本体，需要进行模型的转换。首先在创建面板创建标准基本体，包括球体、几何球体、长方体、圆柱体、圆锥体、平面、圆环体、管状体、四棱锥、茶壶共10种，然后在视图中选中基本体，单击鼠标右键，选择"转换为NURBS"，即可将模型转换成NURBS基本体，如图4-3-2所示。

扩展基本体中只有环形结和棱柱可以进行上述转换NURBS的操作，其余11个扩展基本体模型都不支持NURBS模型的转换。

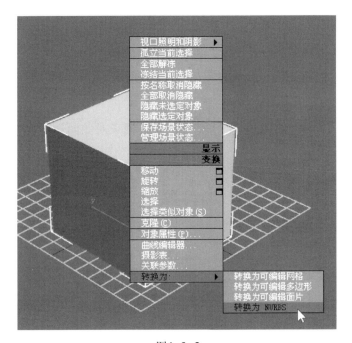

图4-3-2

NURBS转换方法

第四节 项目实训

下面我们学习制作一个台灯模型，如图4-4-1所示。

图4-4-1

台灯效果参考图

依据台灯形状绘制出台灯的剖面轮廓结构，并且将台灯分为四个部分：灯罩、弧形圆管、底座、灯泡。

1.创建灯罩

（1）首先在NURBS工具箱中选择曲线中的创建CV曲线，如图4-4-2所示，在前视图绘制出灯罩的剖面结构，如图4-4-3所示。

图4-4-2

创建CV曲线按钮

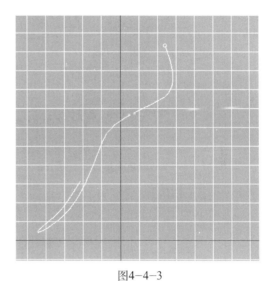

图4-4-3

灯罩剖面曲线

（2）然后在NURBS工具箱中选择曲面中的创建车削曲面,如图4-4-4所示,点击灯罩的CV曲线，选择合适轴向即可生成灯罩，如图4-4-5、4-4-6所示。

图4-4-4

创建车削曲面按钮

图4-4-5

灯罩撤销完成

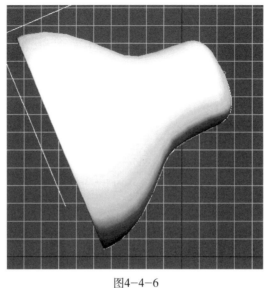

图4-4-6

灯罩最终效果

2.创建弧形圆管

（1）在NURBS参数面板中勾选曲面，建好的NURBS模型不会显示实体效果，如图4-4-7所示。在灯罩的CV曲线基础上绘制出弧形圆管的剖面结构。

图4-4-7

去除曲面

（2）首先在前视图绘制一条弧形的CV曲线，然后由上至下，依次创建四个圆形，再将中间位置的两个圆形半径调小，如图4-4-8、4-4-9所示。

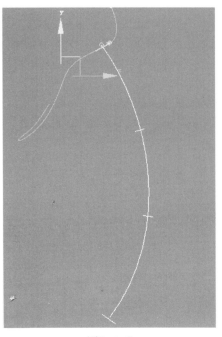

图4-4-8

弧形圆管前视图效果

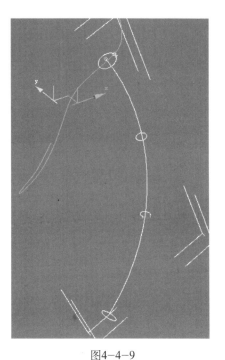

图4-4-9

弧形圆管透视图效果

（3）选择NURBS工具箱曲面里的创建U向放样曲面，如图4-4-10所示，然后在视图上依次由上到下点取四个圆形，单击鼠标右键结束选择，即可生成弧形圆管，如图4-4-11所示。

图4-4-10

创建U向放样曲面按钮

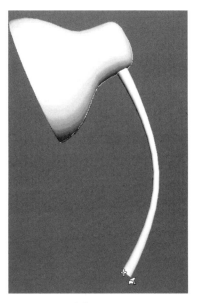

图4-4-11

弧形圆管完成效果

3.创建底座

（1）在弧形圆管完成的基础上绘制出底座的剖面图效果，如图4-4-12、4-4-13所示。

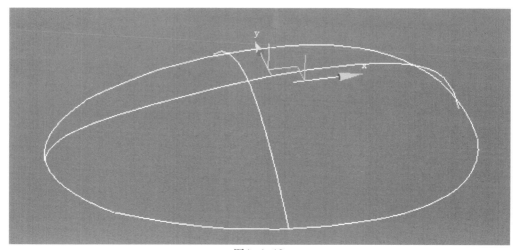

图4-4-12

底座透视图效果

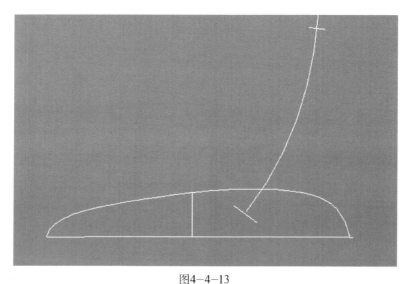

图4-4-13

底座前视图效果

（2）跟制作弧形圆管方法一样，选择NURBS工具箱曲面里的创建U向放样曲面，然后在视图上依次由左轮廓曲线到中间的纵向半圆最后选取右轮廓曲线，单击鼠标右键结束选择，即可生成底座，如图4-4-14、4-4-15所示。

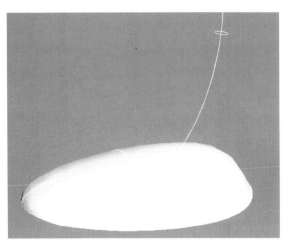

图4-4-14

底座完成效果

图4-4-15

台灯完成效果

4.创建灯泡

灯泡的制作原理跟前面的灯罩是一样的，首先在前视图中绘制出灯泡的剖面轮廓，如图4-4-16所示，然后使用NURBS工具箱曲面选项里的创建车削曲面按钮，单击轮廓曲线，灯泡就制作完成了，如图4-4-17所示。

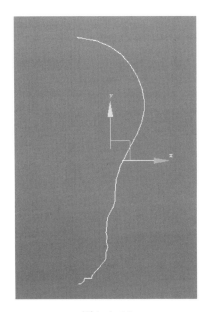

图4-4-16

灯泡前视图绘制曲线

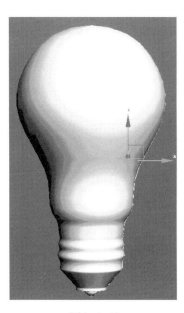

图4-4-17

车削后完成效果

5.对齐

（1）主工具栏里的对齐命令，如图4-4-18所示。操作步骤如下：首先选择灯泡，然后单击对齐按钮，最后选择拾取灯罩即可。此时会弹出一个对齐命令的参数面板，如图4-4-19所示，一般没有要求会选择中心方式的XYZ轴对齐。

图4-4-18

对齐工具在主工具栏里的位置

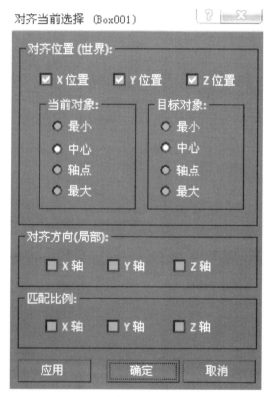

图4-4-19

对齐命令的参数面板

（2）最后适当进行旋转位移调整，这样台灯就全部制作完成了，如图4-4-20所示。

图4-4-20

灯泡与台灯匹配最终效果

【本章小结】

1.NURBS的模型制作虽然不如多边形模型制作应用广泛，但它还是具有自身独特的优势，占据着工业造型等许多领域。它的特点就是用最少的点、边、面来表现模型的细节与弧度，但这并不代表它可以节省很多资源，只是在弧面处理上可以很精确地表达弧面参数。

2.大家可以想想什么物体适合使用NURBS来表现。

图书在版编目(CIP)数据

三维动画创作——模型制作/侯沿滨,刘超,张天翔编著 . —北京:中国传媒大学出版社,2012.1

ISBN 978-7-5657-0370-6

Ⅰ.①三…　Ⅱ.①侯…②刘…③张…　Ⅲ.①三维动画软件　Ⅳ.①TP391.41

中国版本图书馆 CIP 数据核字(2011)第 222722 号

三维动画创作——模型制作

编　　著	侯沿滨　刘　超　张天翔	
责任编辑	李唯梁	
责任印制	曹　辉	
封面设计	阿　东	
出 版 人	蔡　翔	

出版发行　中国传媒大学出版社

社　　址　北京市朝阳区定福庄东街 1 号　　邮编:100024

电　　话　86-10-65450532 或 65450528　　传真:010-65779405

网　　址　http://www.cucp.com.cn

经　　销　全国新华书店

印　　刷　北京中科印刷有限公司

开　　本　787×1092 mm　　1/16

印　　张　15.75

版　　次　2012 年 4 月第 1 版　2012 年 4 月第 1 次印刷

书　　号　ISBN 978-7-5657-0370-6/TP · 0370　　定　价　42.00 元